Final Cut Pro X 基础培训教程

马建昌　编著

人民邮电出版社

北京

图书在版编目（CIP）数据

Final Cut Pro X基础培训教程 / 马建昌编著. --
北京：人民邮电出版社，2020.10
ISBN 978-7-115-53516-0

Ⅰ．①F… Ⅱ．①马… Ⅲ．①视频编辑软件－教材
Ⅳ．①TP317.53

中国版本图书馆CIP数据核字(2020)第042036号

内 容 提 要

这是一本用于帮助入门级读者快速并全面掌握Final Cut Pro X软件的参考书。

本书全面系统地介绍了Final Cut Pro X的基本操作方法和视频制作技巧，包括Final Cut Pro X的基础知识、项目与文件的基本操作、视频剪辑技术、滤镜与转场、抠像与合成、视频校色、字幕、音频效果、影片导出与项目管理以及商业案例实训等内容。本书以各种重要技术为主线，对每个技术的重点内容进行详细介绍，同时安排了大量课堂案例和课后习题，帮助读者快速熟悉软件功能和视频制作思路。书中的软件功能解析可以使读者深入学习软件功能。课堂案例和课后习题可以强化读者的实际应用能力，掌握软件使用技巧。商业案例实训可以帮助读者快速地掌握影视后期处理、视频特效制作、音频声效处理等技术，顺利提高实战水平。

随书附赠案例的源文件、素材文件及在线教学视频，读者可扫描资源与支持页中的二维码获取。另外，本书提供PPT课件，方便老师教学使用。

本书结构清晰、语言简洁，适合广大影视爱好者、数码工作者、影视制作从业者以及音频处理工作者等人员阅读。同时，本书还适合作为高等院校和培训机构相关专业课程的教材，也可以作为Final Cut Pro X自学人员的参考用书。

◆ 编　著　马建昌
　　责任编辑　王　冉
　　责任印制　马振武

◆ 人民邮电出版社出版发行　　北京市丰台区成寿寺路 11 号
　　邮编　100164　　电子邮件　315@ptpress.com.cn
　　网址　https://www.ptpress.com.cn
　　北京天宇星印刷厂印刷

◆ 开本：787×1092　1/16
　　印张：13.5　　　　　　　　　　2020 年 10 月第 1 版
　　字数：351 千字　　　　　　　　2024 年 7 月北京第 6 次印刷

定价：45.00 元

读者服务热线：(010)81055410　印装质量热线：(010)81055316
反盗版热线：(010)81055315
广告经营许可证：京东市监广登字 20170147 号

前　言

Final Cut Pro X 是苹果公司推出的一款操作简单、功能强大的视频编辑与制作软件，其精美、简洁的操作界面和强大的功能将带给用户全新的创作体验。

本书以通俗易懂的语言搭配众多精选案例，意在使读者迅速积累实战经验，提高技术水平，从新手成长为高手。编者对本书的编写体系进行了精心的设计，以"软件功能解析＋课堂案例＋课后习题"这一形式进行编写，力求通过软件功能解析使读者快速熟悉影片的剪辑和制作思路，通过课堂案例和课后习题强化读者的实际应用能力。在内容编写方面，本书力求通俗易懂、细致全面；在文字叙述方面，注意言简意赅、重点突出；在案例选取方面，则强调案例的针对性和实用性。

本书的参考学时为 40 学时，其中实践环节为 20 学时，各章的参考学时详见下面的学时分配表。

章	课程内容	学时分配	
		讲授学时	实践学时
第 1 章	认识 Final Cut Pro X	1	
第 2 章	项目与文件的基本操作	1	1
第 3 章	视频剪辑技术	3	3
第 4 章	滤镜与转场	3	3
第 5 章	抠像与合成	2	2
第 6 章	视频校色	2	2
第 7 章	字幕	1	2
第 8 章	音频效果	3	2
第 9 章	影片导出与项目管理	1	2
第 10 章	商业案例实训	3	3
课时总计		20	20

为了使读者轻松自学并达到深入了解 Final Cut Pro X 软件功能的目的，本书在版面结构上尽量做到清晰明了，如下图所示。

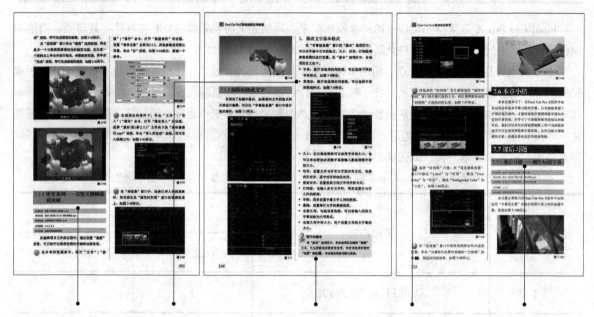

课堂案例：所有案例都是实际工作中可能会用到的案例，且均附有高清在线教学视频，读者可以结合视频学习。

重要命令介绍：对菜单栏、选项板、列表框等各种命令模块中的选项含义进行解释，部分内容配图说明。

技巧与提示：对软件操作过程中的难点及技巧进行重点讲解。

本章小结：对本章的重点内容进行回顾，与章前内容摘要首尾呼应，帮助读者明确学习重点。

课后习题：安排若干与对应章节内容有关的习题，可以让读者在学完章节内容后继续强化所学技术。

由于编者水平有限，书中难免存在不足之处。感谢您选择这本书，同时也希望您能够把对本书的意见和建议告诉我们。

编者

2020 年 4 月

资源与支持

本书由"数艺设"出品，"数艺设"社区平台（www.shuyishe.com）为您提供后续服务。

配套资源

书中案例的源文件和素材文件　　　在线教学视频　　教学 PPT 课件

资源获取请扫码

"数艺设"社区平台，为艺术设计从业者提供专业的教育产品。

与我们联系

我们的联系邮箱是 szys@ptpress.com.cn。如果您对本书有任何疑问或建议，请您发邮件给我们，并请在邮件标题中注明本书书名及 ISBN，以便我们更高效地做出反馈。

如果您有兴趣出版图书、录制教学课程，或者参与技术审校等工作，可以发邮件给我们；有意出版图书的作者也可以到"数艺设"社区平台在线投稿（直接访问 www.shuyishe.com 即可）。如果学校、培训机构或企业想批量购买本书或"数艺设"出版的其他图书，也可以发邮件给我们。

如果您在网上发现针对"数艺设"出品图书的各种形式的盗版行为，包括对图书全部或部分内容的非授权传播，请您将怀疑有侵权行为的链接通过邮件联系我们。您的这一举动是对作者权益的保护，也是我们持续为您提供有价值的内容的动力之源。

关于"数艺设"

人民邮电出版社有限公司旗下品牌"数艺设"，专注于专业艺术设计类图书出版，为艺术设计从业者提供专业的图书、U 书、课程等教育产品。出版领域涉及平面、三维、影视、摄影与后期等数字艺术门类，字体设计、品牌设计、色彩设计等设计理论与应用门类，UI 设计、电商设计、新媒体设计、游戏设计、交互设计、原型设计等互联网设计门类，环艺设计手绘、插画设计手绘、工业设计手绘等设计手绘门类。更多服务请访问"数艺设"社区平台 www.shuyishe.com。我们将提供及时、准确、专业的学习服务。

目 录 CONTENTS

目 录 CONTENTS

目 录 CONTENTS

目 录 CONTENTS

第1章

认识Final Cut Pro X

内容摘要

Final Cut Pro X是苹果公司推出的视频编辑与制作软件。Final Cut Pro X可以处理更大的项目、支持更大的帧尺寸，并让内存处理更多的帧数，还可以呈现强烈的多层次效果。

本章将带领各位读者了解Final Cut Pro X软件的工作界面、建立资源库并导入素材、智能分析、采集素材等基础内容，为之后的学习打下坚实的基础。

课堂学习目标

- 了解Final Cut Pro X工作界面
- 建立资源库并导入素材
- 智能分析
- 采集素材

1.1 Final Cut Pro X软件概述

Final Cut Pro X在视频剪辑方面进行了大规模更新，支持多路多核心处理器、GPU（图形处理器）加速及后台渲染，可以编辑从标清到5K的不同分辨率的视频，使用ColorSync管理的色彩流水线可以保证整个影片色彩的一致性。在开始使用Final Cut Pro X之前，需要对该软件的发展史、功能特色、工作流程和安装环境有一定的了解。

1.1.1 Final Cut Pro X的发展史

1999年，苹果公司推出了非线性剪辑软件Final Cut Pro，因其用户界面美观、价格实惠等优势，逐渐受到了广告界和电视界的青睐，苹果公司也因此在2002年获得了美国国家电视艺术与科学院颁发的科技与工程艾美奖。

2009年7月，苹果公司推出了Final Cut Studio 3安装包，该安装包中包含Final Cut Pro 7、Motion 4、Soundtrack Pro 3、Color 1.5、Comperssor 3.5，这是旧版FCP系列的巅峰之作。

2011年，苹果公司推出了新版本的剪辑软件Final Cut Pro 10.0，也被称为Final Cut Pro X。与前面的版本相比，Final Cut Pro X具有诸多革命性的变化，很多方面与Final Cut Pro 7不兼容，这导致Final Cut Pro 7的项目无法继续在Final Cut Pro X中使用。因此，很多老用户都无法习惯新的操作，这也使得很多用户认为Final Cut Pro X是一款全新的软件，而不再属于Final Cut Pro系列。

但随着软件的不断改进，Final Cut Pro X接连增加了"磁性时间线""多机位剪辑"等新功能，越来越多的老用户开始接受并使用该软件。

1.1.2 Final Cut Pro X的功能特色

Final Cut Pro X是一款引领时代的视频编辑与制作软件。该软件采用64位架构，打破了32位软件只可调用4GB RAM（Random Access Memory，随机存取存储器）的限制，能充分利用计算机性能。

Final Cut Pro X软件特有的"磁性时间线"功能，可以让片段自动保持同步，防止在时间线中移动片段后遗留黑色空隙。在进行片段重组的过程中，剪辑片段能够自动让位，解决剪辑过程中片段之间的冲突和同步问题。

Final Cut Pro X软件支持REDCODE RAW、Sony XVC、AVCHD、H.264、AVC-Intra、MXF等多种格式，并能有效缩短转码时间、减少画质损失。使用高品质的ProRes，可以在Final Cut Pro X软件中对全帧速率4：2：2与4：4：4HD（高清）、2K、4K和分辨率更高的视频源进行多流实时剪辑。

1.1.3 Final Cut Pro X的工作流程

无论是刚入门的剪辑新手，还是经验丰富的资深剪辑师，在视频剪辑的过程中，都需要清楚基本的视频剪辑工作流程。掌握Final Cut Pro X的工作流程，可以更好地剪辑出衔接流畅的视频影片。

1. 前期的视频拍摄

这是最基础的准备阶段，包括拍摄的视频素材与同步收录的音频素材以及需要进行搜集的与项目有关的各类素材。

2. 视频的采集与传输

将拍摄的文件传输到硬盘并进行整理，需要注意的是，为防止媒体文件意外损坏，需要在传输的同时将文件进行备份。

3. 创建项目

在Final Cut Pro X软件中根据具体要求进行特定的项目设置，建立资源库与事件。

4. 导入素材

在导入过程中，对于高分辨率与高码率的素

材可以进行转码，建立代理文件，对不完美的镜头进行修正，并对媒体文件的元数据进行分析，提取关键词。

5. 组织剪辑

将整理组织好的素材拖曳到时间线中进行剪辑，这是整个剪辑工作中最为重要的一个环节。

6. 添加效果设置

在已经剪辑完成的视频中添加转场和效果并进行调色，使整个影片在视觉效果上趋于统一。

7. 添加字幕和音频

根据影片的要求添加字幕、对字幕的效果进行调整，添加背景音乐，并通过混合音频编辑，优化声音效果。

8. 导出影片

根据不同的要求将编辑好的项目导出为适合在互联网或移动设备上进行播放的媒体文件。

1.1.4 安装环境要求

由于Final Cut Pro X软件的版本更新很快，如果要安装最新版本的软件，就需要将macOS进行系统升级，以适应软件版本需求。此外，在安装时，需要了解Final Cut Pro X软件的最低系统配置要求，以保证软件正常安装和运行。

Final Cut Pro X软件10.4.6版本所支持的最低系统配置要求如下。

- 系统：支持macOS 10.13.6或更新版本。
- 内存：4GB RAM（4K视频剪辑、三维字幕和360°视频剪辑建议使用8GB的内存配置）。
- 显卡：支持OpenCL的显卡或Intel HD Graphics 3000图形处理器或更高版本。
- 显存：支持256MB VRAM（4K视频剪辑、三维字幕和360°视频剪辑建议使用1GB显存的显卡）。
- 硬盘：3.8GB可用磁盘空间。

1.2 Final Cut Pro X工作界面

启动Final Cut Pro X软件后，将进入Final Cut Pro X软件的工作界面。初次运行时，软件界面为空白状态，该软件的工作界面由5个主区域组成，分别是事件资源库、浏览器、监视器、检查器和磁性时间线，如图1-1所示。

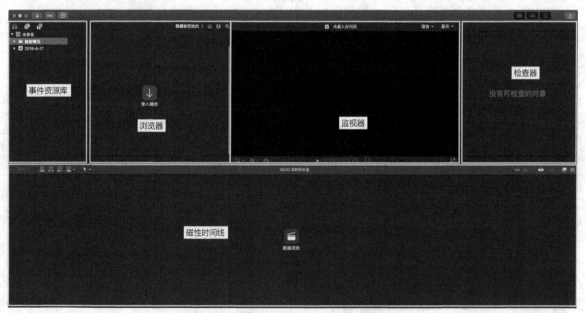

图 1-1

1.2.1 "事件资源库"和"监视器"窗口

"事件资源库"窗口主要用来对素材进行导入、分类、评价等优化操作,还可以对项目文件进行管理。"监视器"窗口则是提供视频回放的地方,可以在全屏幕视图或在另一台显示器上获得包括1080P、2K、4K甚至5K分辨率的同步视频图像。

在"事件资源库"窗口中,单击"显示或隐藏'资源库'边栏"按钮■,可以显示或隐藏资源库,如图1-2所示。

图 1-2

单击"显示或隐藏'照片和音频'边栏"按钮■,可以显示或隐藏资源库中的照片和音频,如图1-3所示;单击"显示或隐藏'字幕和发生器'边栏"按钮■,可以显示或隐藏资源库中的字幕和发生器,如图1-4所示。

图 1-3

图 1-4

1.2.2 "磁性时间线"窗口

"磁性时间线"窗口是视频编辑工作的主区域,包含"时间线索引"面板、"磁性工作线"面板和"效果浏览器"面板这3个主要面板,如图1-5所示。

图 1-5

1.2.3 "时间线索引"面板

默认情况下,"时间线索引"面板是隐藏的。如果要打开"时间线索引"面板,可以单击"索引"按钮■或者按快捷键"Command+Shift+2"。在"时间线索引"面板中可以找到时间线中使用的所有片段和标记,如图1-6所示。可基于文本视图,通过设置筛选条件仅显示要查看的对象。

图 1-6

1.2.4 "磁性工作线"面板

Final Cut Pro X软件的时间线与其他剪辑软件一样，都是通过添加和排列片段进行片段的编辑，完成影片的创作。当预置一条磁性工作线时，时间线会以"磁性"方式调整片段，使其与被拖入位置周围的片段相适应。如果将片段拖出某个位置，则邻近的片段会自动填充出现的空隙。

1.2.5 "效果浏览器"面板

"效果浏览器"面板中包含可应用于视频及音频的600多种专业级滤镜、100多种转场特效，以及近200种字幕制作方案，如图 1-7所示。此外，Final Cut Pro X允许第三方插件进入，凭借64位软件的优势，大大增强了插件的稳定性。

图 1-7

1.2.6 后台任务、时码、音频指示

通过后台任务、时码和音频指示，我们可以实时监控Final Cut Pro X软件中的视频和音频素材。下面进行详细介绍。

1. 后台任务

Final Cut Pro X软件中的导入、转码、视频和音频优化，以及分析、渲染、共享和资源库备份等任务都是在后台执行的。Final Cut Pro X软件会自动管理后台任务，不需要用户执行任何操作来启动或暂停这些任务。如果要查看任一后台任务的进度，可以在菜单栏中单击"窗口"|"后台任务"命令，打开"后台任务"窗口，如图 1-8所示。该窗口中会显示正在执行的任务和完成百分比。

图 1-8

2. 时码

时码包含"项目时间码"和"源时间码"两种，可以用来监视、查看项目和源素材文件的时间。显示"项目时间码"和"源时间码"的方法很简单，在菜单栏中单击"窗口"|"项目时间码"命令或"源时间码"命令，即可打开"项目时间码"或"源时间码"窗口进行查看，如图 1-9所示。

图 1-9

3. 音频指示

音频指示在播放视频或音频片段时用于显示音频的电平值和播放轨道，一般在"音频指示"窗口中进行相关的编辑操作，如图 1-10所示。

图 1-10

1.2.7 关键词编辑器

关键词编辑器可以让庞大的素材库层次分明，是一种全新的素材归类方式。关键词编辑器可以为片段添加关键词，帮助用户快速找到制作影片所需要的片段。

在浏览器中，当选择一个范围、一个或多个字段后，可以为其添加关键词。同样，想要为片段添加关键词，只需要打开关键词编辑器，输入关键词名称进行添加即可，如图1-11所示。

图 1-11

1.2.8 工具

Final Cut Pro X软件中包含7种可用快捷键进行切换的常用编辑工具。显示7种常用编辑工具的方法是：在"磁性时间线"窗口的上方单击"使用选择工具选择项"右侧的三角按钮 ，打开下拉列表，即可显示出选择、修剪、位置、范围选择、缩放和手等常用工具，如图1-12所示。

图 1-12

1.3 建立资源库并导入素材

初次启动Final Cut Pro X软件，整个工作区会显示为空白状态。此时需要新建一个类似于"公文包"的文件夹，才能进行后续的事件建立与媒体素材的导入操作。

1.3.1 建立资源库

在Final Cut Pro X软件中，资源库包含之后剪辑工作中的所有事件、项目及媒体文件。在使用Final Cut Pro X软件剪辑影片之前，需要先建立一个资源库。

资源库的建立方法很简单：在菜单栏中单击"文件"|"新建"|"资源库"命令，如图 1-13所示；在打开的"存储"对话框中设置好存储名称和保存位置，如图 1-14所示，单击"存储"按钮即可完成资源库的建立。建立资源库后工作区也会随之发生变化，新建的资源库会在相应区域显示。

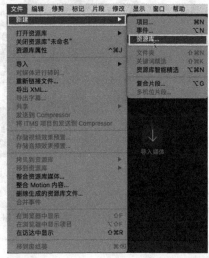

图 1-13

图 1-14

技巧与提示

　　在新建资源库时，要合理地选择存储位置，尽量使用外部连接的硬盘或阵列，并对媒体文件进行备份，防止文件因意外情况而丢失。

1.3.2 建立事件

　　新建资源库后，该资源库下会自动创建一个以日期为名称的新事件。事件相当于一个存放文件的文件夹，可用来存放项目、片段、音频和图片等文件。

　　当打开某个资源库时，会显示出所有可用的事件。打开事件后，所有可用于剪辑的片段都会以缩略图的形式排列。一个资源库可以包含多个事件。

　　当需要新建事件时，可以采用以下几种方法进行操作。

- 在菜单栏中单击"文件"|"新建"|"事件"命令，如图1-15所示。

图 1-15

- 在"事件资源库"窗口的空白处单击鼠标右键，打开快捷菜单，选择"新建事件"命令，如图1-16所示。

图 1-16

- 按快捷键"Command+N"。

　　执行以上任意一种操作，均可打开"新建事件"对话框。在"新建事件"对话框中勾选"创建新项目"复选框，展开对话框，如图1-17所示。在对话框中可以依次对事件名称和其他参数进行设置，完成设置后单击"好"按钮即可创建一个新事件。

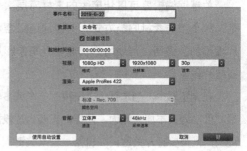

图 1-17

技巧与提示

　　添加事件后，如果需要删除多余的事件，可以选择需要删除的事件，单击鼠标右键，在弹出的快捷菜单中选择"将事件移到废纸篓"命令，或者按快捷键"Command+Delete"，打开"删除事件"对话框，询问是否确认删除所选事件，单击"继续"按钮，即可删除所选事件。如果对事件进行编辑之后再删除，则事件中所导入的媒体文件和建立的项目都会被删除，但对存储在计算机中的源媒体文件没有影响。

1.3.3 导入素材

　　在进行了资源库和事件的建立后，需要先导入媒体素材才能进行素材的后期编辑操作。导入媒体素材的方法有以下几种。

- 在菜单栏中单击"文件"|"导入"|"媒体"命令，如图1-18所示。

图 1-18

- 在"事件资源库"窗口的空白处单击鼠标右键，在弹出的快捷菜单中选择"导入媒体"命令，如图1-19所示。

图 1-19

- 按快捷键"Command+I"。
- 在"浏览器"窗口中单击"导入媒体"按钮，如图1-20所示。

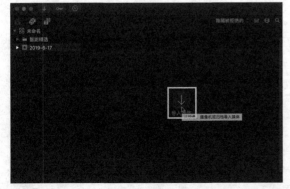

图 1-20

执行以上任意一种操作，均可以打开"媒体导入"对话框，如图1-21所示，在对话框中选择需要导入的视频和音频素材，单击"导入所选项"按钮，即可导入媒体素材。

图 1-21

"媒体导入"对话框中，各主要选项的含义如下。

- "添加到现有事件"单选按钮：点选该单选按钮后，可以在决定好需要导入的媒体文件后，选择将其导入哪一个事件中。点选后默认选择导入当前事件，如果要导入其他已经创建好的事件中，可以单击"添加到现有事件"选项的三角按钮█，打开下拉列表进行选择。
- "创建新事件，位于"单选按钮：点选该单选按钮后可以创建新的事件，并设置新事件的保存名称和保存位置。
- "拷贝到资源库"单选按钮：点选该单选按钮后，导入的媒体文件会被复制到资源库。
- "让文件保留在原位"单选按钮：点选该单选按钮后，所选择的媒体文件不会进行复制。
- "从'访达'标记"复选框：勾选该复选框，会创建以访达标记命名的关键词精选。
- "从文件夹"复选框：勾选该复选框，会创建以导入的文件夹命名的关键词精选。
- "转码"选项区：可以根据实际需要对导入的媒体文件进行调整。在该选项区中勾选"创建优化的媒体"复选框，会基于当前选择导入的媒体文件进行优化，制作编码为Apple ProRes 422的同名称高质量的文件副本；勾选"创建代理媒体"复选框，可以用于源媒体文件分辨率较高、素材量较大的情况，会创建编码为Apple ProRes 422（Proxy）的同名称低质量的文件副本。

- "对视频进行颜色平衡分析"复选框：勾选该复选框，可以在导入媒体文件的过程中检测画面中色调和对比度的问题。
- "查找人物"复选框：勾选该复选框，可以自动分析导入媒体的画面，判断画面中的拍摄内容、人数与景别等。
- "合并人物查找结果"复选框：勾选该复选框，可以在较短的时间内汇总和显示"查找人物"分析关键词。
- "在分析后创建智能精选"复选框：勾选该复选框，可以使用包含强烈抖动、人物或两者片段分析关键词来创建"智能精选"。
- "分析并修正音频问题"复选框：勾选该复选框，可以修正音频中的嗡嗡声、噪声和响度。
- "将单声道隔开并对立体声音频进行分组"复选框：勾选该复选框，可以对单声道、双单声道、立体声和环绕声音频通道进行正确分组。
- "移除静音通道"复选框：勾选该复选框，可以移除静音通道。

技巧与提示

在选择需要导入的媒体素材文件时，可以使用快捷键"Command+A"进行全选。当需要选择相邻的一组媒体文件时，可以在选择第1个媒体文件后，在按住"Shift"键的同时单击最后一个媒体文件；当需要选择特定的几个媒体文件时，可以先选中其中一个，然后在按住"Command"键的同时进行选择。如果已经将需要导入的媒体文件整理到同一文件夹内，则可以直接导入该文件夹。

1.4 智能分析

在Final Cut Pro X软件中导入媒体素材后，可以对媒体中的视频和音频素材进行智能分析，找出素材中存在的问题并自动进行校正。

1.4.1 视频分析

Final Cut Pro X软件能够自动分析视频，找出视频中可能存在的问题并自动校正视频颜色。此外还能找出过分抖动的视频片段并进行修正，并能够自动识别镜头中的人物和景别。这一系列的自动视频分析操作能减少不必要的时间成本，大大提升剪辑工作的效率。

对视频进行分析操作的方法很简单：用户只需要在"浏览器"窗口中选择一个视频素材，单击鼠标右键，在弹出的快捷菜单中选择"分析并修正"命令，如图1-22所示，打开"分析并修正"对话框，如图1-23所示。"分析并修正"对话框中包括针对视频和音频的多种自动分析选项，根据实际需求勾选相应的复选框，单击"好"按钮即可进行对应的视频分析操作。

图 1-22

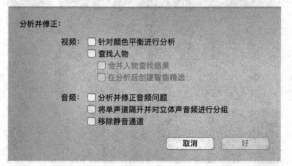

图 1-23

"分析并修正"对话框中各主要选项的含义如下。

- "针对颜色平衡进行分析"复选框：勾选该复选框，将会分析视频中的颜色并平衡整个视频的颜色。
- "查找人物"复选框：勾选该复选框，将会自动查找视频中的人物。
- "合并人物查找结果"复选框：勾选该复选框，将会合并其他视频人物查找的结果。
- "在分析后创建智能精选"复选框：勾选该复选框，将会在分析后创建一个"智能精选"以提高效率。

1.4.2 音频分析

Final Cut Pro X软件可以对音频进行分析，解决音频中可能存在的问题，例如常见的"嗡嗡声"等。其分析方法与视频分析一样：在"浏览器"窗口中选择一个音频素材，单击鼠标右键，在弹出的快捷菜单中选择"分析并修正"命令，打开"分析并修正"对话框，根据实际需求勾选相应的复选框即可。

1.5 事件中的关键词

添加关键词可以有意识地将素材进行分类，筛选自己心仪的素材片段，从而规整素材事件。添加关键词的具体方法是：在事件资源库中选择片段，单击鼠标右键，在弹出的快捷菜单中选择"新建关键词精选"命令，如图1-24所示，或按快捷键"Shift+Command+I"，新建关键词，并对关键词进行重命名。

图 1-24

在新建关键词时，如果要自定义关键词，可以在菜单栏中单击"标记"|"显示关键词编辑器"命令，如图1-25所示。打开"关键词编辑器"对话框后，在其中输入关键词并设置关键词快捷键即可。

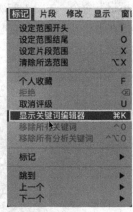

图 1-25

在片段中添加关键词后，片段缩略图上会出现一条蓝色的线条，如图1-26所示。

图 1-26

技巧与提示

将设置好的出入点片段拖曳到关键词精选后，只有出入点之间的部分被添加关键词，相应的关键词精选中也只会显示出入点之间的片段。

如果需要删除多余的关键词，则可以选择关键词的片段，在菜单栏中单击"标记"|"显示关键词编辑器"命令，打开"关键词编辑器"对话框，选择相应的关键词，然后按"Delete"键删除即可。

1.6 事件中的标记

"标记"功能可以用来对片段进行注释，在编辑的过程中起到提示的作用。例如，标记镜头的运动方向、需要规避的镜头抖动问题，或者是之后的编辑过程中需要完成的工作等。

在事件浏览器中预览所选片段时，如果需要添加标记，可以在需要提示的位置按空格键暂停播放，然后在菜单栏中单击"标记"|"标记"|"添加标记"命令，如图1-27所示，即可添加标记。添加后在播放指示器的位置会显示一个蓝色的标记▮，如图1-28所示。

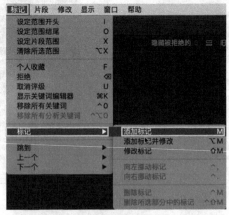

图1-27

图1-28

如果需要对标记进行注释，可以双击添加的标记，打开"标记"对话框，如图1-29所示，在其中添加或修改需要注释的内容后单击"完成"按钮即可。

图1-29

在添加标记后，如果需要对添加的标记进行移动，可以在选择标记后，在菜单栏中单击"标记"|"标记"命令，在展开的子菜单中，单击"向左挪动标记"或"向右挪动标记"命令，如图1-30所示，可以向左或向右以帧为单位移动标记。

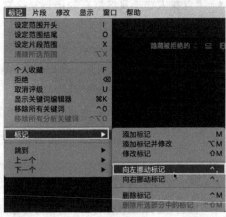

图1-30

如果需要删除多余的标记，可以在选择标记后，在菜单栏中单击"标记"|"标记"|"删除标记"命令，如图1-31所示，即可删除标记。

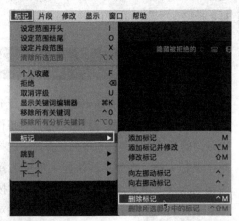

图1-31

1.7 事件中的素材评价筛选

使用"评价筛选片段"功能可以规整素材，对素材进行分类、整理和筛选。在事件中对素材进行评价筛选的方法很简单，只需要选择事件，然后在菜单栏中单击"标记"|"个人收藏"命令，如图1-32所示，即可添加个人收藏，并且被

选择的事件片段上会出现一条绿色的线。

如果需要筛选素材片段，可以单击浏览器右上角的"片段过滤"列表框右侧的三角按钮■，在打开的下拉列表中选择"个人收藏"命令，如图1-33所示，即可筛选出"个人收藏"中的片段并进行显示。

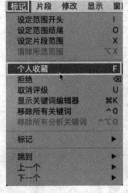

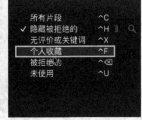

图 1-32　　　　　　　　　图 1-33

1.8 素材采集

用户可以将苹果设备、单反相机、摄像机中的媒体文件采集到Final Cut Pro X中，并对其进行编辑与加工。本节将为大家详细讲解素材采集的方法。

1.8.1 从苹果设备中采集视频

随着科学技术的发展，苹果公司的iPhone和iPad移动智能设备都已具备完善的拍摄功能，其拍摄出来的视频可以达到4K的标准，像素值与成像水平足以超越普通卡片数码相机。因此，将使用苹果设备拍摄的视频导入Final Cut Pro X软件中进行编辑与加工，最终可以输出优质的影片。

从苹果设备中采集视频的具体方法是：使用iPhone、iPad的连接线将其连接至苹果电脑，连接成功后，在Final Cut Pro X软件的菜单栏中单击"文件"|"导入"|"媒体"命令，打开"媒体导入"对话框，选择已经连接到苹果电脑的设备，将显示视频的内容，如图1-34所示，最后选择需要导入的媒体内容进行导入即可。

图 1-34

1.8.2 从内置摄像机实时采集视频

目前，大部分苹果计算机都已经集成了iSight摄像头，使用这个摄像头可以实时录制画面并将其导入Final Cut Pro X软件中。

从内置摄像机实时采集视频的具体方法是：在Final Cut Pro X软件的菜单栏中单击"文件"|"导入"|"媒体"命令，打开"媒体导入"对话框，选择"FaceTime摄像头（内建）"选项或其他外置摄像头，将显示摄像头实时录制的画面，单击右下角的"导入"按钮会再次打开"媒体导入"对话框，调整自己的设置，无误后单击"导入"按钮即可开始采集视频。

1.8.3 从单反相机中采集视频

Final Cut Pro X软件还可以采集单反相机拍摄的视频素材。具体操作方法为：用连接线将单反相机连接至苹果电脑，连接成功后，在Final Cut Pro X软件的菜单栏中单击"文件"|"导入"|"媒体"命令，打开"媒体导入"对话框，选择已经连接到苹果电脑的单反相机设备，将显示视频的内容，根据实际需求选择要导入的媒体内容进行导入即可。

1.9 本章小结

在学习制作高质量视频之前，必须先打好视频制作的基础，这样才能让之后的视频编辑工作事半功倍。本章重点介绍了Final Cut Pro X软件的工作界面、建立资源库并导入素材、智能分析、素材采集等基本知识，熟练掌握本章基本知识和操作要领后才能高效地对各类文件及素材进行编辑和操作。

第2章

项目与文件的基本操作

内容摘要

在Final Cut Pro X中，项目是指编辑视频时输出和输入的文件，例如素材和库文件。为了使视频编辑工作更加便捷，可以通过设置参数来编辑项目，这样有利于使视频格式统一，增强视频的工整性。因此，本章将介绍项目与文件的基本操作方法。

课堂学习目标

- 项目的创建和保存
- 音量调节、分离音频和轨道吸附
- 文件属性及运动参数调节
- 控制运动关键帧动画

2.1 项目的创建与保存

本节将为各位读者介绍Final Cut Pro X中关于项目的一些基础操作知识，包括创建项目的几种方法，以及项目的重命名、删除和保存等操作。

2.1.1 创建项目

通过Final Cut Pro X中的"项目"功能，可以轻松地创建项目。在Final Cut Pro X中建立项目的方法主要有以下几种。

- 在菜单栏中单击"文件"|"新建"|"项目"命令，或按快捷键"Command+N"，如图2-1所示。

图 2-1

- 在"事件资源库"窗口的空白处单击鼠标右键，打开快捷菜单，选择"新建项目"命令，如图2-2所示。

图 2-2

- 在"磁性时间线"窗口中单击"新建项目"按钮。

执行以上任意一种方法，均可打开"项目设置"对话框，如图2-3所示，在对话框中根据需要

设置项目名称及相关参数，单击"好"按钮即可创建项目。

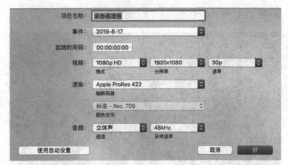

图 2-3

"项目设置"对话框中，各主要选项的含义如下。

- "项目名称"文本框：在该文本框中可以输入项目的名称。
- "事件"列表框：在列表框中可以切换选择将项目存储在哪一个事件中。
- "起始时间码"数值框：用于设置将媒体文件放到项目中开始编辑的位置。
- "视频"选项区：用于设定项目的规格，包括格式、分辨率和速率。
- "渲染"选项区：用于设定预览与输出项目时使用的渲染模式。
- "音频"选项区：包括环绕声和立体声，采样速率数值越大，音频质量越高。

技巧与提示

"使用自动设置"中的各项设定与"自定设置"基本相同。在"使用自动设置"中，默认新建的项目规格会根据第1个视频片段的属性来进行设定，并且音频设置与渲染编码格式也是固定的。

2.1.2 重命名与删除项目

在新建项目后，如果需要更改项目的名称，可以单击项目名称，待项目名称变为蓝色后即可在文本框中对其进行重命名操作。

如果对创建的项目不满意，就可以对其进行删除操作。具体的操作方法为：在"浏览器"窗口中

选择需要删除的项目，单击鼠标右键，在弹出的快捷菜单中选择"移到废纸篓"命令，如图2-4所示，或按快捷键"Command+Delete"即可删除该项目。

图 2-4

2.1.3 复制项目

为了便于在修改一个项目后能够快速地找到上一个未进行修改的项目，可以在修改项目之前复制一个项目进行备份。复制项目的具体方法是：选择需要进行复制的项目后单击鼠标右键，在打开的快捷菜单中选择"复制项目"命令，如图 2-5所示，或者按快捷键"Command+D"即可复制项目。操作完成后，在原项目的下方将会出现一个以"原项目名称+编号"形式命名的新项目。

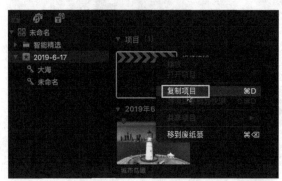

图 2-5

技巧与提示

"复制项目"命令是将项目和后台的渲染文件、波形文件以及制作的优化或代理文件全部复制到新建的项目中，而"将项目复制为快照"命令则只复制工程文件。

2.1.4 保存项目

项目的保存方法很简单，在菜单栏中单击"文件"|"资源库属性"命令，打开"资源库属性"检查器，单击"修改设置"按钮，如图 2-6所示。在打开的对话框中设置好项目的存储位置，如图 2-7所示，单击"好"按钮即可保存项目。

图 2-6

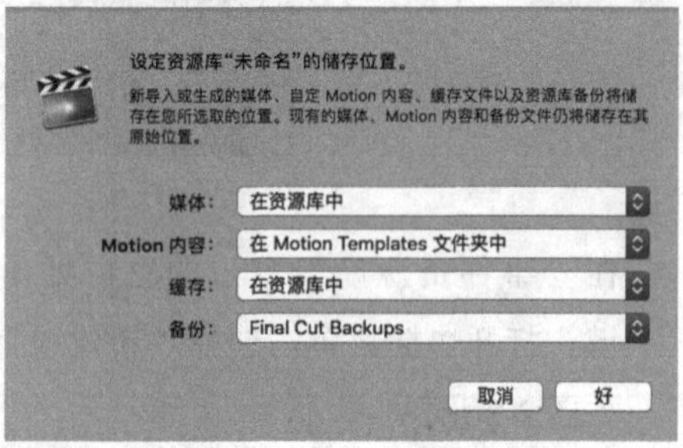

图 2-7

打开的对话框中，各主要选项的含义如下。

- "媒体"：选取导入文件、代理和优化文件、整合文件的储存位置。若要将文件储存在资源库之外，可选择"选取"命令，在打开的对话框中设置好储存位置，然后单击"选取"按钮即可。

- "Motion内容"：选取在Motion中创建或自定的效果、转场、字幕和发生器的储存位置。

- "缓存"：选取渲染文件、分析文件、缩略图图像、音频波形文件的储存位置。

- "备份"：选择资源库备份的存储位置。

技巧与提示

在默认情况下，Final Cut Pro X软件将按常规间隔时间自动备份资源库。备份仅包括资源库的数据库部分，不包括媒体文件。在Final Cut Pro X软件中，通过"资源库属性"检查器可以查看和修改媒体、Motion内容、缓存文件和资源库备份文件的存储位置。

2.2 音量调节、分离音频和轨道吸附

创建项目后，将视频素材添加到时间线中，就可以对视频素材进行音量调节、分离音频以及轨道吸附等操作。本节将为各位读者介绍音量调节、分离音频和轨道吸附的操作方法。

2.2.1 音量调节

在Final Cut Pro X中，可以在浏览器、时间线、"音频检查器"或"修改"菜单中调整音频片段的音量。其中，在"音频检查器"或"修改"菜单中进行的音量调整操作将会应用于整个所选内容。若要进行更精确的调整，可以在片段中创建关键帧，然后调整关键帧之间的点。

1. 在时间线中调整音量

在时间线中调整音量的方法很简单，只需要上下拖曳音频波形的水平线即可。当向上拖曳音频波形的水平线时，可以调高音量；当向下拖曳音频波形的水平线时，可以调低音量。在拖曳音频波形的水平线时将以dB为单位显示音量，与此同时音频波形会改变形状，如图 2-8所示。

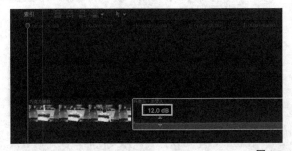

图 2-8

2. 从"修改"菜单调整音量

在时间线中选择一个或多个音频片段（或包含音频的视频片段），然后在菜单栏中单击"修改"|"调整音量"命令，在展开的子菜单中，如图 2-9所示：选择"调高"命令，可以将音量调高；选择"调低"命令，可以将音量调低；选择"静音"命令，可以将音量调至静音；选择"还原"命令，可以将音频片段的音量还原至初始状态；选择"绝对"命令，可以用绝对dB值来调整音量；选择"相对"命令，可以用相对dB值来调整音量。

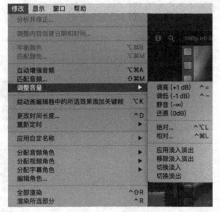

图 2-9

3. 在"音频检查器"中调整音量

在时间线中选择一个或多个音频片段（或包含音频的视频片段），然后在"音频检查器"窗口中向左或向右拖移"音量"右侧的滑块即可调整音量，如图 2-10所示。

图 2-10

4. 自动在所选区域上调整音量

若要调整时间线中某个片段的音量，可以使用"范围选择"工具自动在所选范围上添加关键帧，再通过关键帧调整音量。具体的操作方法为：在时间线中选择片段，单击在"磁性时间线"窗口上方的"工具"三角按钮，打开下拉列表，选择"范围选择"工具，然后拖曳选择要调整音量的区域，上下拖曳音频波形的水平线即可调整音量。

2.2.2 分离音频

使用"分离音频"功能可以将视频中的音频素材分离出来，具体操作方法有以下几种。

- 选择视频片段，在菜单栏中单击"片段"|"分离音频"命令，如图2-11所示。

图 2-11

- 在"磁性时间线"窗口中选择视频片段，单击鼠标右键，打开快捷菜单，选择"分离音频"命令，如图2-12所示。

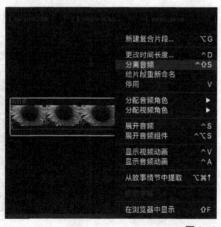

图 2-12

2.2.3 轨道吸附

通过Final Cut Pro X软件中的"吸附"功能，可以将视频片段与音频片段对齐，或者将播放头与特定标记对齐。打开吸附时，在时间线中移动的项目文件看起来好像是直接跳到或"吸附"到某些点上的，这有助于将编辑点与项目中的其他项目文件快速对齐。

吸附会影响Final Cut Pro X软件中许多编辑工具的功能，包括"选择"工具、"修剪"工具、"位置"工具、"范围选择"工具和"切割"工具。在时间线中有几个元素可以触发吸附，分别是片段边界（开始点和结束点）、播放头和浏览条、标记、关键帧、范围选择。

在拖移片段时也可以打开或关闭吸附，具体操作方法为：在"磁性时间线"窗口的右上角单击"吸附"按钮，当该按钮呈蓝色高亮显示时即代表已打开吸附，当该按钮呈灰色显示时则代表已关闭吸附，如图2-13所示。

图 2-13

技巧与提示

在打开或关闭吸附时，还可以在菜单栏中单击"显示"|"吸附"命令，或按"N"键进行"吸附"功能的打开或关闭操作。

2.3 文件属性及运动参数调节

在检查器中可以查看媒体文件的属性并调节其运动参数。

2.3.1 查看文件属性

如果要查看媒体文件的属性信息，可以在时间线中选择视频片段后，在检查器中单击"信息检查器"按钮 ⓘ，打开"信息检查器"窗口，在该窗口中可以查看本视频片段的时长、分辨率、制式等相关信息，如图2-14所示。

图 2-14

在查看文件属性时，如果要查看媒体文件的扩展属性，可以在"信息检查器"窗口中单击"基本"三角按钮 基本∨，打开下拉列表，选择"扩展"命令，如图 2-15所示。操作完成后展开"扩展"命令下的"信息检查器"窗口，在该窗口中可以查看媒体文件的场景、拍摄、摄像机角度、摄像机名称、立体模式等信息，如图2-16所示。

图 2-15

图 2-16

2.3.2 调节运动参数

在检查器中单击"视频检查器"按钮 🎬，打开"视频检查器"窗口，在该窗口中可以对视频的"变换""裁剪""变形"和"果冻效应"等运动参数进行调整，如图2-17所示。

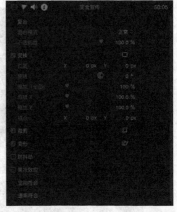

图 2-17

2.4 在检查器中控制运动关键帧动画

后期编辑是对前期素材的二次创作。在后期制作中，为了使故事情节更完整、画面效果更丰富，不仅要将镜头排列组合在一起，还要控制运动关键帧动画。本节将详细讲解在检查器中控制运动关键帧动画的方法。

2.4.1 透明度关键帧动画

在视频素材中添加透明度关键帧可以制作出淡入淡出的特殊效果。设置透明度关键帧的具体方法是：在选择视频片段后移动播放指示器的位置，然后在"视频检查器"窗口中设置"不透明度"参数，并通过单击该属性右侧的"添加关键帧"按钮■添加关键帧，如图2-18所示。

图2-18

在添加多个透明度关键帧后，在"监视器"窗口中单击"从播放头位置向前播放—空格键"按钮▶，预览制作好的淡入淡出动画效果，如图2-19所示。

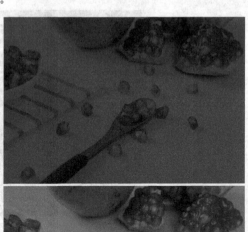

图2-19

2.4.2 缩放关键帧动画

通过设置"变换"选项区中的"缩放（全

部）"参数，可以调整视频素材的显示大小。设置缩放关键帧动画的具体方法是：在选择视频片段后移动播放指示器的位置，然后在"视频检查器"窗口的"变换"选项区中设置"缩放（全部）"参数，并单击其右侧的"添加关键帧"按钮■添加关键帧，如图2-20所示。

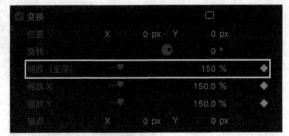

图2-20

在添加多个缩放关键帧后，在"监视器"窗口中单击"从播放头位置向前播放—空格键"按钮▶，预览制作好的缩放动画效果，如图2-21所示。

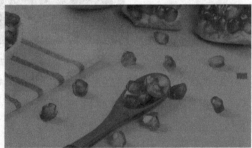

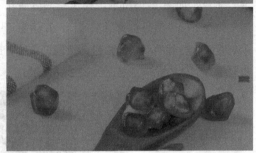

图2-21

❓ 技巧与提示

在缩放视频素材时，不仅可以等比例缩放视频，还可以不等比例缩放视频。在"视频检查器"窗口的"变换"选项区中，通过单独修改"缩放X"和"缩放Y"参数值，可以单独进行x轴和y轴方向的缩放操作。

2.4.3 旋转关键帧动画

通过设置"变换"选项区中的"旋转"参数，可以调整视频素材的显示角度。设置旋转关键帧动画的具体方法是：在选择视频片段后移动播放指示器的位置，然后在"视频检查器"窗口的"变换"选项区中设置"旋转"参数，并单击其右侧的"添加关键帧"按钮 ⊕ 添加关键帧，如图 2-22所示。

图 2-22

在添加多个旋转关键帧后，在"监视器"窗口中单击"从播放头位置向前播放—空格键"按钮 ▶，预览制作好的旋转动画效果，如图 2-23所示。

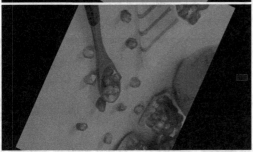

图 2-23

2.4.4 手动渲染设置

渲染，就是为项目在Final Cut Pro X软件中

无法实时播放的分段创建临时视频和音频渲染文件的过程。添加效果、转场、发生器、字幕或其他需要渲染以用于高质量播放的项目时，渲染指示器（浅灰色点线）将显示在时间线顶部标尺的下方。

在进行项目渲染时，可以手动选择是渲染项目中的一部分还是渲染项目中的所有片段。如果想要渲染所选部分，可以在时间线中选择部分视频片段，然后在菜单栏中单击"修改"|"渲染所选部分"命令，如图 2-24所示；如果想要渲染所有片段，可以在菜单栏中单击"修改"|"全部渲染"命令，如图 2-25所示。

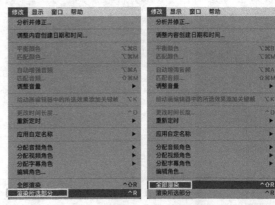

图 2-24   图 2-25

2.4.5 课堂案例——制作旋转关键帧动画

实例效果：效果＞资源库＞第2章＞2.4.5	
素材位置：素材＞第2章＞2.4.5＞美味樱桃.mp4	
在线视频：第2章＞2.4.5 课堂案例——制作旋转关键帧动画	
实用指数：☆☆☆☆	
技术掌握：制作旋转关键帧动画	

在编辑项目的过程中，通过设置"旋转"参数并添加关键帧，可以为画面添加旋转动画效果。

01 启动Final Cut Pro X软件，在菜单栏中单击"文件"|"新建"|"资源库"命令，如图 2-26所示。

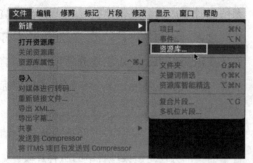

图 2-26

02 打开"存储"对话框，设置"存储为"名称为"第2章"，再展开"存储为"选项，设置好保存路径，最后单击"存储"按钮，即可新建一个资源库，如图2-27所示。

图 2-27

03 在"事件资源库"窗口的空白处单击鼠标右键，在弹出的快捷菜单中选择"新建事件"命令，如图2-28所示。

图 2-28

04 打开"新建事件"对话框，设置"事件名称"为"2.4.5"，其他参数保持默认设置，单击"好"按钮即可新建一个事件，如图2-29所示。

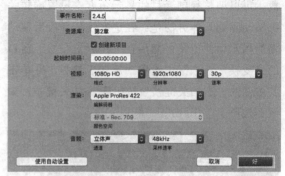

图 2-29

05 在"浏览器"窗口的空白处单击鼠标右键，在弹出的快捷菜单中选择"导入媒体"命令，如图2-30所示。

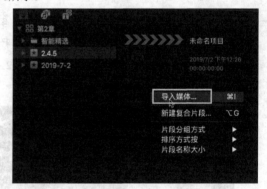

图 2-30

06 打开"媒体导入"对话框，在对应的文件夹中选择"美味樱桃.mp4"视频文件，单击"导入所选项"按钮，如图2-31所示。

图 2-31

07 上述操作完成后即可导入视频文件，并将新导入的视频文件添加至"磁性时间线"窗口的视频轨道上，如图2-32所示。

图 2-32

08 选择新添加的视频片段，在"视频检查器"窗口中展开"变换"选项区，调整"旋转"参数为"30.0°"，并单击"添加关键帧"按钮，添加第1个关键帧，如图2-33所示。

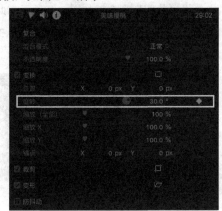

图 2-33

09 将时间线移至00:00:08:05位置处，调整"旋转"参数为"75.0°"，并单击"添加关键帧"按钮，添加第2个关键帧，如图2-34所示。

图 2-34

10 将时间线移至00:00:18:19位置处，调整"旋转"参数为"180.0°"，并单击"添加关键帧"按钮，添加第3个关键帧，如图2-35所示。

图 2-35

技巧与提示

在添加关键帧动画时，当修改了"旋转"参数后会发现关键帧变成黄色，这说明在这个视频片段中已经添加了关键帧。如果需要删除关键帧，可以单击"删除关键帧"按钮。

11 在进行了多个关键帧的添加后，就完成了旋转动画的制作。在"监视器"窗口中单击"从播放头位置向前播放—空格键"按钮，可以预览制作好的旋转动画效果，如图2-36所示。

图 2-36

2.5 在画布中控制运动关键帧动画

除了可以在检查器中控制运动关键帧动画，还可以在画布中控制运动关键帧动画。本节将为各位读者详细介绍在画布中控制运动关键帧动画的操作方法。

2.5.1 变换动画

通过"变换"命令，可以对画布中的视频素材进行旋转、缩放和位置调整等变换操作。在"监视器"窗口中单击画布左下角的倒三角按钮，在打开的下拉列表中选择"变换"命令，如图2-37所示。此时"监视器"窗口中的视频会出现8个控制点，选择其中一个控制点，按住鼠标左键并进行拖曳，即可调整视频素材的大小，如图2-38所示。

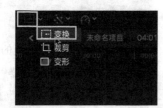

图 2-37

图 2-38

如果需要变换视频素材的角度，可以单击视频素材中间的控制点并进行拖曳，即可调整视频素材的角度，如图2-39所示。如果需要变换视频素材的位置，可以在"监视器"窗口的视频素材上按住鼠标左键并进行拖曳，即可移动位置。

图 2-39

2.5.2 裁剪动画

在画布中，通过"裁剪"命令可以对画布中的视频素材进行裁剪操作。在"监视器"窗口中单击画布左下角的倒三角按钮，在打开的下拉列表中选择"裁剪"命令，如图2-40所示。此时"监视器"窗口中会显示出裁剪框，并显示3个裁剪选项，如图2-41所示。

图 2-40

图 2-41

在"监视器"窗口单击"修剪"按钮，会显示一个与视频原画面大小相当的修剪边框，在任意一个控制点上按住鼠标左键并进行拖曳，调整修剪范围，再单击"完成"按钮，即可完成对画面的修剪，如图2-42所示。

在"监视器"窗口单击"裁剪"按钮，则会显示一个与视频原画面大小相当的裁剪边框，在任意一个控制点上按住鼠标左键并进行拖曳，调整裁剪范围，再单击"完成"按钮，即可完成对画面的裁剪，如图2-43所示。

图 2-42

图 2-43

2.5.3 课堂案例——设置关键帧裁剪视频

实例效果：效果＞资源库＞第2章＞2.5.3

素材位置：素材＞第2章＞2.5.3＞美丽蔷薇花.mp4

在线视频：第2章＞2.5.3 课堂案例——设置关键帧裁剪视频

实用指数：☆☆☆☆☆

技术掌握：设置关键帧裁剪视频

在编辑项目的过程中，通过设置"裁剪"参数，可以制作出裁剪视频的关键帧动画效果。

① 在本章的资源库中单击"文件"|"新建"|"事件"命令，打开"新建事件"对话框，设置"事件名称"为"2.5.3"，其他参数保持默认设置，单击"好"按钮，新建一个事件，如图2-44所示。

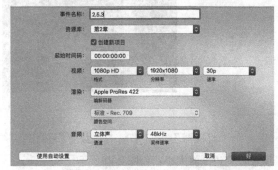

图 2-44

② 在新添加的事件下单击"文件"|"导入"|"媒体"命令，打开"媒体导入"对话框，在对应的文件夹下选择"美丽蔷薇花.mp4"视频文件，单击"导入所选项"按钮，即可导入视频文件，如图2-45所示。

图 2-45

③ 在"浏览器"窗口中选择已导入的视频素材，将其添加至"磁性时间线"窗口的视频轨道上，如图2-46所示。

图 2-46

04 在"监视器"窗口中单击"画布"右侧的倒三角按钮，打开下拉列表，选择"裁剪"命令，如图2-47所示。

图 2-47

05 在"监视器"窗口中单击"裁剪"按钮，并调整裁剪边框的大小，如图2-48所示。

图 2-48

06 裁剪边框大小调整完成后，在"监视器"窗口中单击"完成"按钮，完成视频素材的裁剪，效果如图2-49所示。

图 2-49

07 将时间线移至00:00:03:23位置处，在"视频检查器"窗口中显示"裁剪"选项，依次调整该选项中的"左""右""上""下"参数，并单击其右侧的"添加关键帧"按钮，添加一组关键帧，如图2-50所示。

08 将时间线移至00:00:06:13位置处，在"视频检查器"窗口中显示"裁剪"选项，依次调整该选项中的"左""右""上""下"参数，并单击其右侧的"添加关键帧"按钮，添加一组关键帧，如图2-51所示。

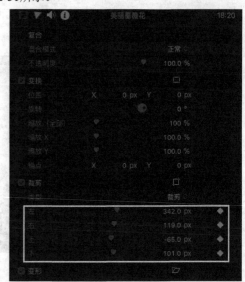

图 2-50

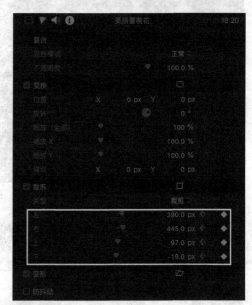

图 2-51

09 在进行了多个关键帧的添加后，就完成了裁剪动画的制作。在"监视器"窗口中单击"从播放头位置向前播放—空格键"按钮，预览制作好的裁剪动画效果，如图2-52所示。

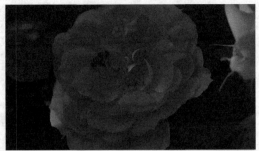

图 2-52

2.6 在时间线上控制运动关键帧动画

在时间线上通过"显示视频动画"命令显示视频动画后，可以在时间线上设置视频动画的变换、修剪、变形和不透明度参数，进行运动关键帧动画的控制。

选择视频片段后，在时间线上显示视频动画的方法有以下几种。

- 在菜单栏中单击"片段"|"显示视频动画"命令，如图2-53所示。
- 在时间线的视频片段上单击鼠标右键，在弹出的快捷菜单中选择"显示视频动画"命令，如图2-54所示。
- 按快捷键"Control+V"。

图 2-53

图 2-54

执行以上任意一种方法都可以显示视频动画，同时"磁性时间线"窗口中会打开"视频动画"对话框，该对话框中的选项与"视频检查器"窗口中的选项相同，包含"变换"、"修剪"、"变形"和"复合：不透明度"4个。

如果要用时间线控制透明度动画，单击"复合：不透明度"选项最右侧的图标 ，或者在该区域双击鼠标左键，即可展开"复合：不透明度"面板。在该区域中有一条白色的调整线贯穿整个片段，将鼠标指针悬停在调整线上，鼠标指针将变成上下双箭头形状，按住鼠标左键向上或向下拖曳调整线，可以调整片段的不透明度。默认情况下，不透明度为"100%"，越往下透明度越高，在调整透明度的过程中会显示百分比数字进行提示，如图2-55所示。

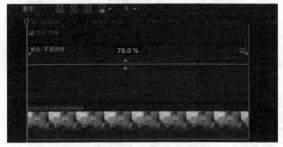

图 2-55

如果要用时间线控制变换动画效果，可以在"视频动画"对话框中单击"变换：全部"右侧的三角按钮 变换 全部 ，打开下拉列表，如图2-56所示。选择不同的命令，可以分别调整视频片段的位置、旋转、缩放（全部）和锚点。

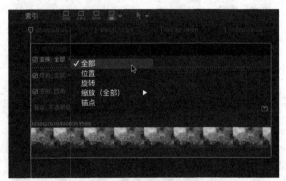

图 2-56

如果要用时间线控制修剪动画效果，可以在"视频动画"对话框中单击"修剪：全部"右侧的三角按钮 修剪 全部 ，打开下拉列表，如图2-57所示。选择不同的命令，可以从不同的位置修剪视频。

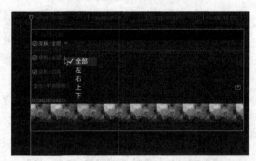

图 2-57

2.7 本章小结

在学习制作高质量视频之前，必须先了解项目与文件的基本操作，这样才能在之后的项目管理工作中更加得心应手。本章重点学习了Final Cut Pro X软件中项目与文件的基本操作，希望各位读者能熟练掌握这部分基础知识，日后才能高效地管理视频编辑过程中的项目与文件对象。

2.8 课后习题

2.8.1 课后习题——新建项目

实例效果：效果＞资源库＞第2章＞课后习题1

素材位置：无

在线视频：第2章＞2.8.1 课后习题—— 新建项目

实用指数：☆☆☆

技术掌握：新建项目

本习题主要练习如何在Final Cut Pro X软件中建立项目。其分解步骤如图 2-58所示。

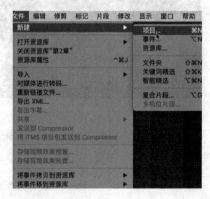

图 2-58

2.8.2 课后习题——设置缩放关键帧动画

实例效果：效果＞资源库＞第2章＞课后习题2

素材位置：素材＞第2章＞课后习题＞千纸鹤.mp4

在线视频：第2章＞2.8.2 课后习题——设置缩放关键帧动画

实用指数：☆☆☆

技术掌握：设置缩放关键帧动画

本习题主要练习在Final Cut Pro X软件中如何添加缩放关键帧，并制作缩放动画效果，如图 2-59所示。

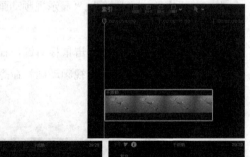

图 2-59

其分解步骤如图 2-60所示。

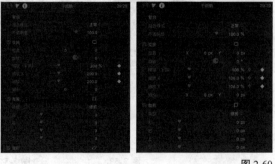

图 2-60

第 **3** 章

视频剪辑技术

---------- 内容摘要 ----------

在Final Cut Pro X中完成了前期准备工作后，就需要进入整
个编辑过程中最重要，也是最吸引人的环节——在时间线中剪
辑视频。通过剪辑视频，可以在时间线中创建故事情节，并呈
现出完美的影片效果。本章将为各位读者介绍视频剪辑技术的
基本应用。

课堂学习目标

- 项目工具菜单
- 工具的应用
- 三点编辑
- 调整影片速度
- 多机位剪辑

3.1 插入、覆盖、追加和连接

在时间线中添加了一些片段后才能创建出基本的故事情节，这是剪辑工作中最基础的环节。在时间线中添加片段，可以通过"插入"、"覆盖"、"追加"和"连接"等方式来进行，本节将进行具体讲解。

3.1.1 通过"插入"方式添加片段

通过"插入"方式添加片段，可以将所选片段插入指定的播放指示器位置。在使用"插入"命令后，时间线上该故事情节的持续时间会延长。也就是说，将所选片段插入故事情节的同时，播放指示器之后的片段会自动向后移动，空余出插入片段长度的位置。

通过"插入"方式添加片段的具体方法是：将播放指示器拖曳到想要插入片段的位置，然后选择事件浏览器中的片段，在编辑栏中单击"所选片段插入到主要故事情节或所选故事情节"按钮，或者在菜单栏中单击"编辑"|"插入"命令，如图3-1所示。所选片段将会直接插入时间线中播放指示器所在位置的主要故事情节中，如图3-2所示。

图 3-1

图 3-2

3.1.2 通过"覆盖"方式添加片段

使用"覆盖"方式添加片段，可以从播放指示器位置开始，向后覆盖时间线中原有的片段。在使用"覆盖"命令后，时间线中整个项目的时间长度不会发生改变。以所选片段在时间线上所在的位置为出入点，对播放指示器之后的片段进行覆盖，覆盖的范围为所选片段持续的时间长度。

通过"覆盖"方式添加片段的具体方法是：将播放指示器拖曳到想要覆盖片段的位置，然后选择事件浏览器中的片段，在编辑栏中单击"用所选片段覆盖主要故事情节或所选故事情节"按钮，或者在菜单栏中单击"编辑"|"覆盖"命令，如图3-3所示，所选片段将会直接从所选播放指示器位置开始，向后覆盖片段。

图 3-3

3.1.3 通过"追加"方式添加片段

使用"追加"方式可以将新的片段添加到故事情节的末尾，并且不受播放指示器在时间线上位置的影响。通过"追加"方式添加片段的具体方法是：选择事件浏览器中的片段，在编辑栏中单击"将所选片段追加到主要故事情节或所选故事情节"按钮；或者在菜单栏中单击"编辑"|"追加到故事情节"命令，如图3-4所示，所选片段将会追加到时间线的末尾处。

图 3-4

3.1.4 通过"连接"方式添加片段

在剪辑的过程中,使用"连接"方式可以将选择的片段以连接片段的形式连接到主要故事情节现有的片段上。

通过"连接"方式添加片段的具体方法是:将播放指示器拖曳到想要连接片段的位置,然后选择事件浏览器中的片段,在编辑栏中单击"将所选片段连接到主要故事情节"按钮;或者在菜单栏中单击"编辑"|"连接到主要故事情节"命令,如图3-5所示。所选片段将会连接到所选播放指示器位置上,并与原来的视频片段分轨道显示,如图3-6所示。

图 3-5

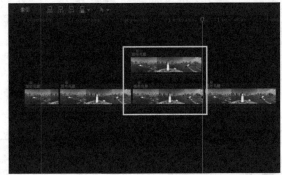

图 3-6

技巧与提示

可以将片段直接拖曳到时间线上与主要故事情节相连,作为连接片段存在的视频片段排列在主要故事情节的上方,而音频片段则排列在主要故事情节的下方。

3.2 项目工具菜单

工具栏中包含"修剪"、"范围选择"和"缩放"工具,通过这些工具可以精确地修剪和缩放视频。

3.2.1 "修剪"工具

"修剪"工具(快捷键为"T")用于对时间线上的片段进行微调。在"修剪"模式下,选择时间线上片段的编辑点后按住鼠标左键进行拖曳,可以修改片段持续的时间长度,如图3-7所示。

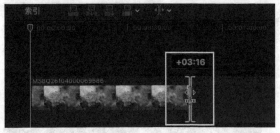

图 3-7

处于"修剪"模式时,将鼠标指针悬停在时间线上的片段中,指针会变为白色的箭头与胶片的滑移状态。左右拖曳会调整所选片段的出入点位置,但不改变片段的持续时间,如图3-8所示。

图 3-8

3.2.2 "范围选择"工具

"范围选择"工具(快捷键为"R")用于选择"磁性时间线"窗口或"浏览器"窗口中视频片段内的一个范围,而不是选择整个片段。在"范围选择"编辑模式下,可以对时间线及事件浏览器中的片段进行框选。在时间线上按住鼠标左键并进行拖曳，框选时间线上的多个片段或某个片段的部分内容，建立选区，如图3-9所示。

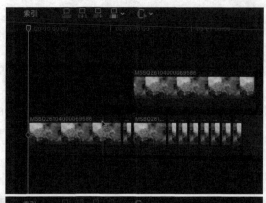

图3-9

框选后所选部分会出现一个黄色的矩形外框，拖曳黄色矩形外框左右两侧的小矩形可以改变选区的范围，如图3-10所示。

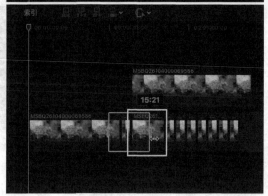

图3-10

在事件浏览器中，可以利用"范围选择"工具 在同一片段中创建多个选区。在事件浏览器中将片段缩略图放大后，按住鼠标左键拖曳框选片段内容，按住"Command"键可以同时建立多个选区。建立选区后，被框选的部分会出现一个黄色矩形外框，按住鼠标右键对出入点的位置进行拖曳，可以改变选区的范围。

3.2.3 "缩放"工具

"缩放"工具 （快捷键为"Z"）用于放大或缩小显示"磁性时间线"窗口中的视频片段的时间长度。在"缩放"编辑模式下，鼠标指针为放大镜的形状时，单击可以放大显示时间线。若要缩小显示时间线，可以按住"Option"键，指针中放大镜的"+"将变为"－"，此时在片段上单击会缩小显示时间线。若按住鼠标左键不放，并在时间线上拖曳框选片段，则所框选的片段会被放大，并让它们充满整个时间线，如图3-11所示。

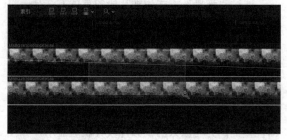

图3-11

技巧与提示

在菜单栏中单击"显示"|"放大"或"缩小"命令，同样可以对时间线进行放大或缩小操作。

3.2.4 课堂案例——"缩放"工具的使用

实例效果：效果＞资源库＞第3章＞3.2.4	
素材位置：素材＞第3章＞3.2.4＞大海.mp4	
在线视频：第3章＞3.2.4课堂案例——"缩放"工具的使用	
实用指数：☆☆☆☆	
技术掌握：使用缩放工具	

在编辑项目文件的过程中，如果要放大或缩小显示时间线，可以通过使用"缩放"工具实现这一操作。

01 新建一个资源库，将其命名为"第3章"。

02 在"事件资源库"窗口的空白处单击鼠标右键，打开快捷菜单，选择"新建事件"命令，打开"新建事件"对话框，设置"事件名称"为"3.2.4"，其他参数保持默认设置，单击"好"按钮即可新建一个事件，如图3-12所示。

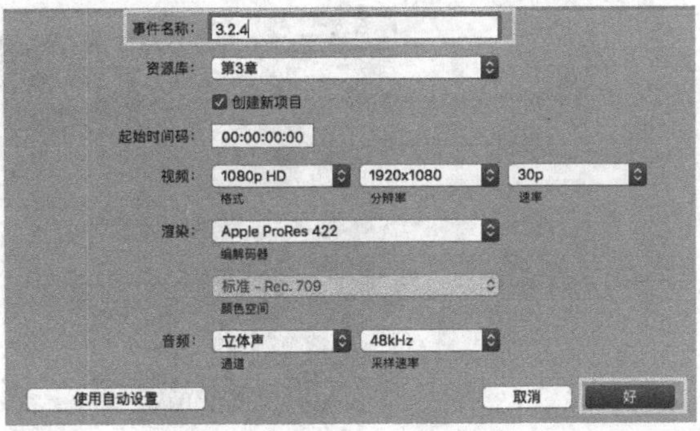

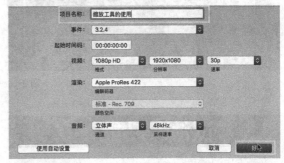

图 3-12

03 在"浏览器"窗口的空白处单击鼠标右键，打开快捷菜单，选择"导入媒体"命令，打开"媒体导入"对话框，在对应的文件夹下选择"大海.mp4"视频文件，单击"导入所选项"按钮即可导入视频文件，如图3-13所示。

图 3-13

04 在"磁性时间线"窗口中单击"新建项目"按钮，如图3-14所示。

图 3-14

05 打开"项目名称"对话框，在"项目名称"文本框中输入"缩放工具的使用"，单击"好"按钮，如图 3-15所示。

图 3-15

06 在"浏览器"窗口中选择"大海.mp4"媒体素材，按住鼠标左键并进行拖曳，将其添加至"磁性时间线"窗口的视频轨道上，如图 3-16所示。

图 3-16

07 在"磁性时间线"窗口上方的工具栏中，单击"选择工具"右侧的三角按钮，打开下拉列表，选择"缩放"，如图3-17所示。

图 3-17

08 在时间线轨道的视频素材上，鼠标光标为放大镜形状时，单击鼠标左键，即可放大显示时间线，如图3-18所示。

图 3-18

3.3 "试演"功能

Final Cut Pro X软件提供了多种剪辑方案，其中，使用"试演"功能可以在时间线中的同一位置放置多个片段，并根据需要随时调用，避免反复修改浪费时间和精力。

3.3.1 "试演"功能概述

"试演"功能是Final Cut Pro X软件非常具有创造性的一个功能。如果能够灵活使用这个功能，特别是在时长较短的广告片或是素材量较大的纪录片中进行使用，可以很大程度上提升工作效率。

"试演"功能的强大之处在于其很巧妙地节省了CPU资源，可以将多个片段放到同一位置上，同时保持了时间线的整洁，而且可以给用户提供多种便捷的剪辑方案。

3.3.2 建立试演片段

通过建立试演片段可以将不同场景中的片段衔接在一起。在建立试演片段之前，需要先在"浏览器"窗口中选择两个及两个以上的视频片段才能进行建立操作。建立试演片段的方法有以下几种。

- 在菜单栏中单击"片段"|"试演"|"创建"命令，如图 3-19所示。

图 3-19

- 在"浏览器"窗口的空白处单击鼠标右键，在弹出的快捷菜单中选择"创建试演"命令，如图 3-20所示。

图 3-20

- 按快捷键"Command+Y"。

在建立试演片段后，在"浏览器"窗口将会出现一个新的片段，只不过该片段的左上角会多一个特殊的图标，如图 3-21所示。

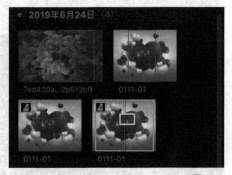

图 3-21

3.3.3 改变试演片段

建立了试演片段后，可以对试演片段进行复

制、挑选、打开、替换等操作。

1. 复制为试演片段

在Final Cut Pro X中，可以使用时间线片段和该片段（包括应用的效果）的复制版本创建试演。复制为试演片段的方法有以下几种。

- 选择时间线中的试演片段，在菜单栏中单击"片段"|"试演"|"复制为试演"命令，如图3-22所示。

图 3-22

- 选择时间线中的试演片段，单击鼠标右键，在弹出的快捷菜单中选择"试演"|"复制为试演"命令，如图3-23所示。

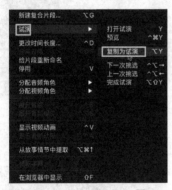

图 3-23

2. 从原件复制试演片段

如果要复制选定的试演片段，可以通过"从原件复制"命令来实现。在复制试演片段时，可以只复制试演片段，而不包括应用的效果，具体的操作方法是：选择时间线中的试演片段，在菜单栏中单击"片段"|"试演"|"从原件复制"命令，如图3-24所示；或按快捷键"Command+Shift+Y"，复制选定的试演片段。

图 3-24

3. 挑选试演片段

如果要跳到指定的试演片段进行查看，可以通过"下一次挑选"或"上一次挑选"命令来实现这一操作。挑选试演片段有以下几种方法。

- 选择时间线中的试演片段，在菜单栏中单击"片段"|"试演"|"下一次挑选"或"上一次挑选"命令，如图3-25所示。

图 3-25

- 选择时间线中的试演片段，单击鼠标右键，在弹出的快捷菜单中选择"试演"|"下一次挑选"或"上一次挑选"命令，如图3-26所示。

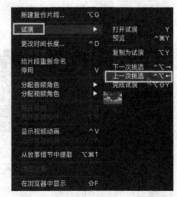

图 3-26

4. 打开试演片段

在Final Cut Pro X中，可以通过"打开试演"命令打开"试演"对话框，查看试演片段中的视频效果。打开试演片段有以下几种方法。

- 选择时间线中的试演片段，在菜单栏中单击"片段"|"试演"|"打开"命令，如图3-27所示。

图 3-27

- 选择时间线中的试演片段，单击鼠标右键，在弹出的快捷菜单中选择"试演"|"打开试演"命令，如图3-28所示。

图 3-28

- 按快捷键"Y"。

执行以上任意一种方法，均可以打开"试演"对话框，如图3-29所示，在该对话框中可以查看试演片段的视频效果。

图 3-29

在"试演"对话框中，出现在正中央位置的片段为当前被选中的片段。片段缩略图上方的信息显示为当前片段的名称及时间长度。下方标志中的蓝色表示当前片段为激活状态，星星标志表示该片段为选中状态，圆点标志表示该片段为备用状态，标志的数量表示该对话框中包含的试演片段数量。

当需要在"试演"对话框中为同一个片段添加不同的效果时，可以单击对话框中的"复制"按钮，对其进行复制后再进行编辑，复制后的片段会以"原片段名称+副本+数字"的形式命名。当确定好自己所需要的片段后，单击"完成"按钮，将它切换到时间线上即可。

5. 替换试演片段

在Final Cut Pro X中，通过"替换并添加到试演"命令可以替换试演片段。替换试演片段有以下几种操作方法。

- 选择时间线中的试演片段，在菜单栏中单击"片段"|"试演"|"替换并添加到试演"命令，如图3-30所示。

图 3-30

- 按快捷键"Shift+Y"。

3.3.4 课堂案例——试演功能的练习

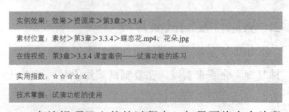

实例效果：效果＞资源库＞第3章＞3.3.4
素材位置：素材＞第3章＞3.3.4＞蝶恋花.mp4、花朵.jpg
在线视频：第3章＞3.3.4 课堂案例——试演功能的练习
实用指数：☆☆☆☆☆
技术掌握：试演功能的使用

在编辑项目文件的过程中，如果要将多个片段建立为试演片段，可以通过创建"试演"功能来实现。在建立好试演片段后，可以使用"打开试演"命令查看试演片段效果。

01 在"事件资源库"窗口的空白处单击鼠标右键，打开快捷菜单，选择"新建事件"命令，打开"新建事件"对话框，设置"事件名称"为"3.3.4"，其他参数保持默认设置，单击"好"按钮，新建一个事件。

02 在"浏览器"窗口的空白处单击鼠标右键，在弹出的快捷菜单中选择"导入媒体"命令，打开"媒体导入"对话框，在对应的文件夹下选择"蝶恋花.mp4"视频文件和"花朵.jpg"图片文件，单击"导入所选项"按钮，导入素材对象，如图3-31所示。

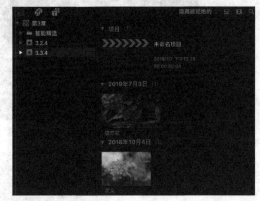

图 3-31

03 在"浏览器"窗口中选择所有的媒体素材，单击鼠标右键，在弹出的快捷菜单中选择"创建试演"命令，如图3-32所示。

图 3-32

04 上述操作完成后，即可创建试演片段，并在"浏览器"窗口中添加新建立的试演片段，如图3-33所示。

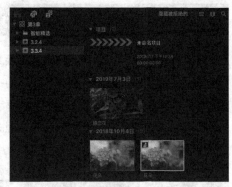

图 3-33

05 打开事件中已有的项目文件，选择试演片段，将其拖曳添加至时间线中，如图3-34所示。

图 3-34

06 选择"磁性时间线"窗口中的试演片段，单击鼠标右键，在弹出的快捷菜单中选择"试演"|"打开试演"命令，如图3-35所示。

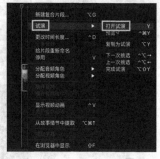

图 3-35

07 打开"试演"对话框，查看试演效果，如图3-36所示。

图 3-36

3.4 使用次级故事情节

通过"连接"编辑方式可以将片段连接到时间线中主要故事情节的片段上。当在时间线中的主要故事情节上添加了多个连接片段时，为了方便移动，可以使用创建故事情节的方式，将连接片段整理成一个次级故事情节后统一地连接到主要故事情节的片段上。

3.4.1 常见次级故事情节

一个次级故事情节可以将若干个连接的片段合成为一个组，从而将这些片段捆绑在一起，使其具有同一个连接线。在时间线中选择视频片段后，通过"创建故事情节"命令可以创建出次级故事情节，具体的创建方法有下几种。

- 在菜单栏中单击"片段"|"创建故事情节"命令，如图3-37所示。
- 在时间线的视频片段上单击鼠标右键，在弹出的快捷菜单中选择"创建故事情节"命令，如图3-38所示。
- 快捷键"Command+G"。

图 3-37

图 3-38

? 技巧与提示

在创建故事情节时，如果想将选择的视频片段覆盖至主要故事情节上，可以在时间线的视频片段上单击鼠标右键，在弹出的快捷菜单中选择"覆盖至主要故事情节"命令。

3.4.2 次级故事情节整体分离

虽然次级故事情节很实用，但编辑中经常会不断地修改，所以就需要将次级故事情节进行分离操作。整体分离次级故事情节的方法很简单，用户只需要选中已建立的次级故事情节的外边框，如图3-39所示。然后在菜单栏中单击"片段"|"将片段项分开"命令，如图3-40所示，或按快捷键"Command+Shift+G"，即可将次级故事情节进行整体分离。

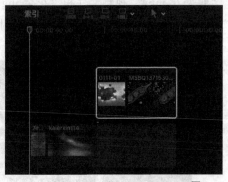

图 3-39

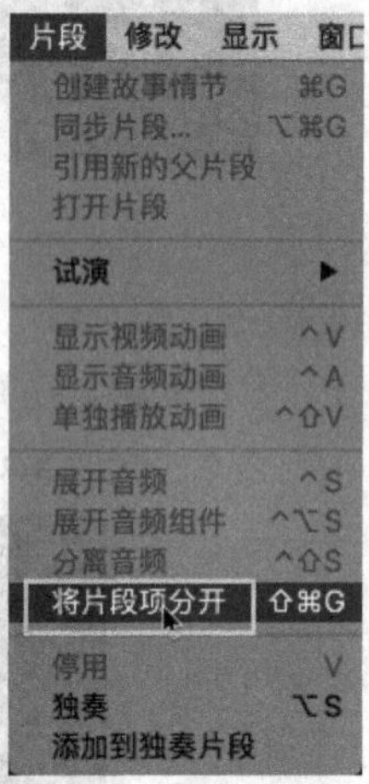

图 3-40

3.4.3 次级故事情节部分片段分离

在分离次级故事情节时，不仅可以整体分离次级故事情节，还可以将单个视频从次级故事情节中拆分开。分离次级故事情节部分片段的方法有以下几种。

- 当觉得次级故事情节中的片段过多，想要移除部分片段时，只需选中片段，然后将片段重新连接到主要故事情节上，即可完成单个视频的分离操作。在分离次级故事情节的部分片段后，次级故事情节后面的视频会自动向前填上移除视频后产生的空隙，如图3-41所示。

图 3-41

技巧与提示

如果需要增加次级故事情节中的视频片段，只需要将视频片段直接放置到次级故事情节中的相应位置即可。

- 在工具栏中单击"选择工具"右侧的下三角按钮，在打开的下拉列表中选择"位置"工具。接着选择次级故事情节中的视频片段，将其拖曳至主要故事情节上，完成单个视频的分离操作，如图3-42所示。

图 3-42

- 在次级故事情节中选择单个视频片段，然后单击鼠标右键，打开快捷菜单，选择"从故事情节中提取"命令，如图3-43所示，即可将选择的视频片段单独分离出来。

图 3-43

技巧与提示

在单独提取了视频片段后，如果想将提取后的视频片段覆盖到主要故事情节上，则可以在提取的视频片段上单击鼠标右键，在弹出的快捷菜单中选择"覆盖至主要故事情节"命令，如图3-44所示。

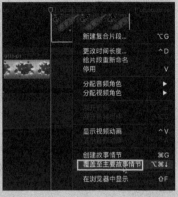

图 3-44

3.4.4 课堂案例——制作常见次级故事情节

实例效果：效果＞资源库＞第3章＞3.4.4
素材位置：素材＞第3章＞3.4.4＞飞机场.mp4、城市.jpg
在线视频：第3章＞3.4.4 课堂案例——制作常见次级故事情节
实用指数：☆☆☆☆☆
技术掌握：创建次级故事情节

使用"创建故事情节"命令，可以制作出次级故事情节，将时间线中的所有视频片段连接在一起，成为一个整体。

① 在"事件资源库"窗口的空白处单击鼠标右键，打开快捷菜单，选择"新建事件"命令，打开"新建事件"对话框，设置"事件名称"为"3.4.4"，其他参数保持默认设置，单击"好"按钮即可新建一个事件。

② 在"浏览器"窗口的空白处单击鼠标右键，打开快捷菜单，选择"导入媒体"命令，打开"媒体导入"对话框，在对应的文件夹下选择"飞机场.mp4"视频文件和"城市.jpg"图片文件，单击"导入所选项"按钮，即可导入素材对象，如图3-45所示。

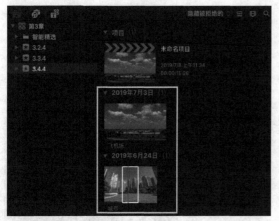

图 3-45

03 在"浏览器"窗口中选择所有的媒体素材，将其添加至"磁性时间线"窗口的视频轨道上，如图3-46所示。

图 3-46

04 选择时间线中的所有视频片段，然后在菜单栏中单击"片段"|"创建故事情节"命令，如图3-47所示。

图 3-47

05 上述操作完成后，即可为选择的视频片段创建次级故事情节，如图3-48所示。

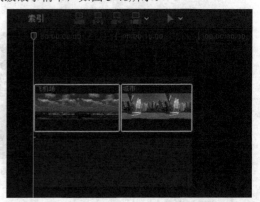

图 3-48

3.5 工具的高级应用

粗剪工作只是剪辑工作的初级步骤，要想真正完成一个精品视频的剪辑，就需要用到"切割"、"位置"、"修剪"等高级工具。通过应用高级工具，可以轻松地调整作品中一些细微的地方，使视频变得更加精美。

3.5.1 "切割"工具

"切割"工具是剪辑工作中使用频率较高的一个工具，使用"切割"工具可以将选择的视频片段分割成多个视频片段。切割视频片段的方法有以下几种。

- 在"磁性时间线"窗口的工具栏中单击"选择"工具右侧的下三角按钮 ，打开下拉列表，选择"切割"工具 ，如图3-49所示。

图 3-49

- 选择视频片段，然后在菜单栏中单击"修剪"|"切割"命令，如图3-50所示。

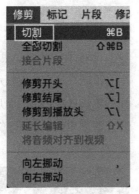

图 3-50

- 按快捷键"Command+D"。

通过以上任意一种方法，均可以使用"切割"工具。在切割视频片段时，拖动时间线到某一位置后再将指针移至时间线上方，当指针呈现切割状态 ◆ 时，单击鼠标左键即可切割视频片段，如图3-51所示。

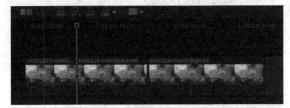

图 3-51

3.5.2 "位置"工具

在剪辑工作中，有很多时候会因为画面之间仅相差几帧就造成画面效果的缺失。为了避免出现这种偏差，就需要用到"位置"工具来移动片段，改善画面效果。具体的操作方法是：在"磁性时间线"窗口的工具栏中，单击"选择"工具右侧的三角按钮 ，打开下拉列表，选择"位置"工具 ，如图3-52所示；然后选择时间线中的视频片段进行拖曳，即可移动视频片段。

图 3-52

如果要对视频片段的位置进行微调，则可以在选择视频片段后，在菜单栏中单击"修剪"|"向左挪动"或"向右挪动"命令，如图 3-53所示，可以将选择的视频片段向左或向右挪动一帧。

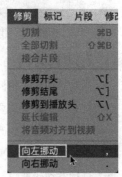

图 3-53

3.5.3 "修剪"工具

"修剪"工具是剪辑过程中经常会用到的一个工具，该工具可以对视频片段进行滑移式、卷动式和滑动式剪辑，还可以精修视频片段的开头和结尾。

1. 滑移式剪辑

使用"修剪"工具进行滑移式剪辑不会改变片段的时长，也不会影响整个影片的时长，可以避免前一个剪辑点跟后一个剪辑点错位。

在"磁性时间线"窗口的工具栏中，单击"选择"工具右侧的三角按钮 ，打开下拉列表，选择"修剪"工具 ，待指针变为"修剪"工具状态后，选择某一个视频片段，使片段两端的编辑点被选中，然后在菜单栏中单击"修剪"|"向右挪动"命令。操作完成后，视频片段的长度没有发生变化，但画面整体向右移动了一帧，如图3-54所示。

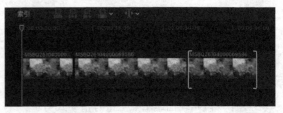

图 3-54

2. 卷动式剪辑

卷动式剪辑是指同时调整两个相邻片段的开始点和结束点。如果想要调整两个放在时间线中的片段的长度，但又不想改变整个时间线前后片段的位置时，可以使用"修剪"工具在这两个片段的编辑点上进行卷动式剪辑。卷动式剪辑常用在动作编辑点上，可以很方便地更改一个动作编辑点前后镜头所切换的位置，且不影响整个时间线上其他片段的位置。

在"磁性时间线"窗口的工具栏中，单击"选择"工具右侧的三角按钮，打开下拉列表，选择"修剪"工具，待指针变为"修剪"工具状态后单击两个片段之间的编辑点，然后按住鼠标左键不放，并向右轻轻滑动，会发现编辑点向右移动，编辑点上方会出现数字提示，表示向右移动的帧数，如图 3-55所示。

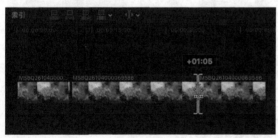

图 3-55

3. 滑动式剪辑

通过滑动式剪辑的方式，可以同时调整滑动编辑片段的两个相邻片段的开始点和结束点。如果要调整放在时间线中的片段的前后位置，但不想改变整个时间线前后片段的位置，可以使用"修剪"工具在这个片段两端的编辑点上进行滑动式剪辑。

在"磁性时间线"窗口的工具栏中，单击"选择"工具右侧的三角按钮，打开下拉列表，选

择"修剪"工具，将指针放置到视频片段上，待指针变为"修剪"工具状态后，按住"Option"键，此时指针样式变成形状。单击视频片段并向右滑动，选择的视频片段长度保持不变，前面片段的末帧被拉长，后面片段的首帧向后移动，以选择片段为中心的前后3个片段的总时长则没有发生变化，如图 3-56所示。

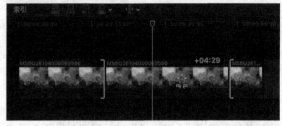

图 3-56

4. 精修视频片段的开头和结尾

在精剪工作中，使用"修剪"工具可以精修视频片段的开头和结尾。

在"磁性时间线"窗口的工具栏中选择"修剪"工具后，将指针移至视频片段的开始位置，按住鼠标左键并向左拖曳，视频片段开始处将被延长，如图 3-57所示。

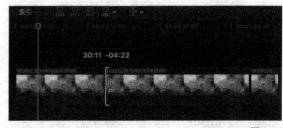

图 3-57

如果要修剪视频片段的末尾，可以在选择"修剪"工具后，将指针移至视频片段的末尾位置，按住鼠标左键并向右拖曳，可以修剪视频片段的末尾，如图 3-58所示。

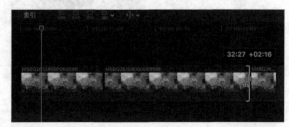

图 3-58

技巧与提示

想要修剪视频片段的开始和结尾，还可以在指定时间线位置后，在菜单栏中单击"修剪"|"修剪开头"或"修剪结尾"命令。

3.5.4 课堂案例——使用"修剪"工具进行滑动式剪辑

| 实例效果：效果＞资源库＞第3章＞3.5.4 |
| 素材位置：素材＞第3章＞3.5.4＞葡萄.mp4、水果1.jpg、水果2.jpg |
| 在线视频：第3章＞3.5.4课堂案例——使用"修剪"工具进行滑动式剪辑 |
| 实用指数：☆☆☆☆☆ |
| 技术掌握：滑动式剪辑方式的应用 |

在Final Cut Pro X中，可以使用"修剪"工具进行滑动式剪辑，以达到同时调整两个相邻视频片段的开始点和结束点的目的。

01　在"事件资源库"窗口的空白处单击鼠标右键，打开快捷菜单，选择"新建事件"命令，打开"新建事件"对话框，设置"事件名称"为"3.5.4"，其他参数保持默认设置，单击"好"按钮，新建一个事件。

02　在"浏览器"窗口的空白处单击鼠标右键，打开快捷菜单，选择"导入媒体"命令，打开"媒体导入"对话框，在对应的文件夹下选择所有的视频和图像文件，然后单击"导入所选项"按钮，即可导入素材对象，如图3-59所示。

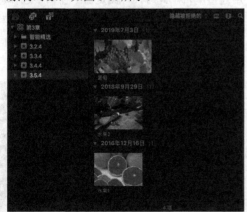

图 3-59

03　打开事件中的项目文件，在"浏览器"窗口

中选择所有媒体素材，将其添加至"磁性时间线"窗口的视频轨道上，并调整媒体素材的长度，如图3-60所示。

图 3-60

04　在工具栏中选择"修剪"工具 ，将指针移至中间的视频片段上，按住"Option"键，待指针样式变成形状 时，单击视频片段并向左滑动，如图3-61所示。

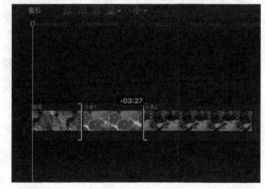

图 3-61

05　滑动至合适位置后，释放鼠标左键，即完成以滑动式剪辑的方式剪辑视频片段的操作，如图3-62所示。

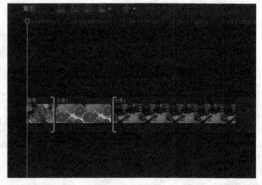

图 3-62

3.6 三点编辑

在剪辑视频素材时，通过三点编辑的方式，可以根据两对出入点中的三个点进行剪辑操作。三点编辑中的"点"指的是事件浏览器中的出入点和时间线中片段的出入点。

3.6.1 三点编辑

通过三点编辑可以在浏览器和时间线中使用入点和出点来确定片段在时间线中的插入位置。三点编辑中的三个点包括两个入点和一个出点，或者一个入点和两个出点。在使用三点编辑时可以配合插入、连接和覆盖3种剪辑方式使用。

在Final Cut Pro X软件中，根据不同的三点设定方式，可以得到不同的三点编辑效果。

- 在"事件浏览器"中指定所选片段的入点和出点，在"磁性时间线"窗口中指定所选片段的入点。
- 在"事件浏览器"中指定所选片段的入点和出点，在"磁性时间线"窗口中指定所选片段的出点。
- 在"磁性时间线"窗口中指定所选片段的入点和出点，在"事件浏览器"中指定所选片段的入点。
- 在"磁性时间线"窗口中指定所选片段的入点和出点，在"事件浏览器"中指定所选片段的出点。

在熟悉了三点编辑的执行情况后，可以使用三点编辑进行视频剪辑操作。

在"浏览器"窗口中选择视频片段后，使用"范围选择"工具 为选择的片段设置好开始点和结束点，如图 3-63所示。在"磁性时间线"窗口中将时间线移至视频片段的开始帧位置，按快捷键"Q"，使用连接编辑。此时，"浏览器"窗口中选择片段的开始点会与时间线视频片段的开始帧对齐，其长度范围与在"浏览器"窗口中所选择的范围相同，如图3-64所示。

图 3-63

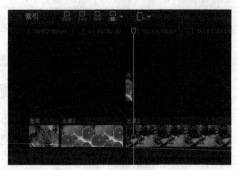

图 3-64

3.6.2 反向时序三点编辑

在三点编辑类型中，可以执行反向时序三点编辑，其中结束点（而不是开始点）将与浏览器或时间线中的浏览条或播放头位置对齐。

在"浏览器"窗口中选择视频片段后，使用"范围选择"工具 为选择的片段设置好开始点和结束点。在"磁性时间线"窗口中，将时间线移至视频片段的结束帧位置，按快捷键"Shift+Q"，使用连接编辑。此时，"浏览器"窗口中选择片段的结束点会与时间线视频片段的结束帧对齐，其长度范围与在"浏览器"窗口中所选择的范围相同，如图 3-65所示。

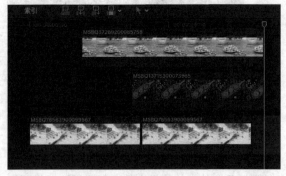

图 3-65

3.6.3 多个片段进行三点编辑

如果要将整组镜头拖曳到时间线上，或者替换掉时间线上的整组镜头，可以利用三点编辑功能，将"浏览器"窗口中的多个片段放在时间线中进行编辑工作。

多个片段进行三点编辑的具体方法是：在"浏览器"窗口中使用"范围选择"工具 框选两个片段，然后在"磁性时间线"窗口中将时间线移至相应视频片段的开始帧位置，按快捷键"Q"，使用连接编辑。此时，"浏览器"窗口中选择的片段将会以时间线片段的首帧为开始点向后延续，如图3-66所示。

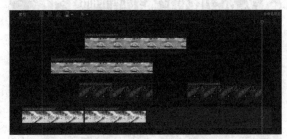

图 3-66

3.6.4 课堂案例——时间线片段在浏览器中显示

实例效果：效果＞资源库＞第3章＞3.6.4
素材位置：素材＞第3章＞3.6.4＞精致礼盒.mp4
在线视频：第3章＞3.6.4 课堂案例——时间线片段在浏览器中显示
实用指数：☆☆☆
技术掌握：使时间线片段在浏览器中显示

当在时间线中进行了大量的编辑工作后，需要定位某一片段在事件浏览器中的位置，以便于在查看相邻镜头的内容时，可以使用三点编辑功能，使时间线片段能在浏览器中显示，从而方便查看素材片段。

01 在"事件资源库"窗口的空白处单击鼠标右键，在弹出的快捷菜单中选择"新建事件"命令，打开"新建事件"对话框，设置"事件名称"为"3.6.4"，其他参数保持默认设置，单击"好"按钮，新建一个事件。

02 在"浏览器"窗口的空白处单击鼠标右键，在弹出的快捷菜单中选择"导入媒体"命令，打开"媒体导入"对话框，在对应的文件夹下选择"精致礼盒.mp4"视频文件，单击"导入所选项"按钮，即可导入素材对象，如图3-67所示。

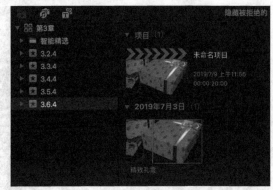

图 3-67

03 打开事件中的项目文件，在"浏览器"窗口中选择所有媒体素材，将其添加至"磁性时间线"窗口的视频轨道上，如图3-68所示。

图 3-68

04 在工具栏中选择"范围选择"工具 ，在"浏览器"窗口中选择视频片段，然后设置视频片段的开始点和结束点，如图3-69所示。

图 3-69

05 在"磁性时间线"窗口中将时间线移至视频片段的结束帧位置,按快捷键"Q",即可将选择范围内的视频片段添加至时间线中,并使用三点编辑自动将所选片段的开始点和时间线中视频片段的结束帧对齐,如图3-70所示。

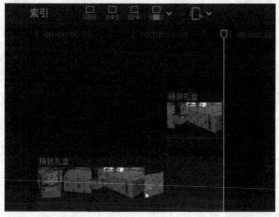

图 3-70

06 在工具栏中选择"范围选择"工具 [C],在"浏览器"窗口中选择视频片段,然后设置视频片段的开始点和结束点,如图3-71所示。

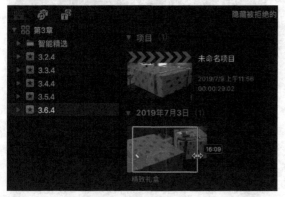

图 3-71

07 在"磁性时间线"窗口中将时间线移至视频片段的结束帧位置,按快捷键"Shift+Q",将选择范围内的视频片段添加至时间线中,并使用三点编辑自动将"浏览器"窗口中所选片段的结束点与时间线视频片段的结束帧对齐,如图 3-72所示。

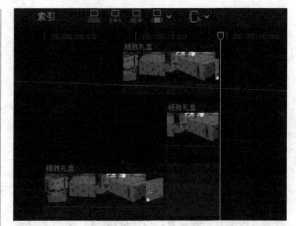

图 3-72

3.7 添加和编辑静帧图像

在进行视频剪辑时,通常也需要处理片段中的图像素材,如输出静帧图像、应用PSD文件等。本节将详细讲解添加与编辑静帧图像的操作方法。

3.7.1 添加静帧图像

在剪辑视频片段中,直接在片段中添加静帧可以制作出停格或强调效果。添加静帧图像的方法有以下几种。

- 选择时间线中的视频片段,然后将时间线移动到需要制作"静帧"效果的位置,在菜单栏中单击"编辑"|"添加静帧"命令,如图 3-73所示。操作完成后,时间线所在位置将会添加一个静帧画面,如图3-74所示。

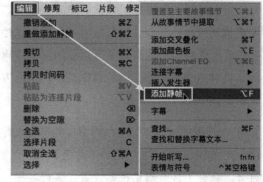

图 3-73

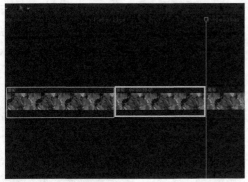

图 3-74

- 在"浏览器"窗口的视频片段上选择需要制作静帧的画面，然后在菜单栏中单击"编辑"|"连接静帧"命令，如图 3-75所示。操作完成后，制作的静帧图像将以连接片段的形式连接在主要故事情节中的原片段上方，如图 3-76所示。

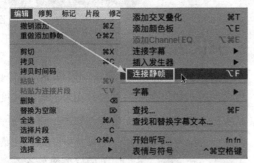

图 3-75

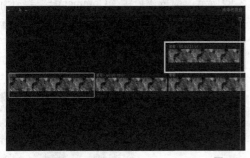

图 3-76

- 按快捷键"Option+F"。

技巧与提示

在时间线中的视频片段上创建静帧后，静帧图像会以时间线位置为开始点，直接插入时间线上，整个项目的持续时间会延长。而在"浏览器"窗口中的视频片段上创建静帧后，静帧图像会以连接片段的形式连接到主要故事情节的原片段上方，整个项目的时长不会发生改变。

3.7.2 输出静帧图像

在制作了静帧图像后，选择"存储当前帧"命令可以将静帧图像保存在计算机中。具体的操作方法是：选择静帧图像，然后在菜单栏中单击"文件"|"共享"|"存储当前帧"命令，如图 3-77所示；打开"存储当前帧"对话框，在对话框中选择"设置"选项，展开"导出"选项的列表，其中包含有多种输出格式文件的选项，选择所需图像格式，如图 3-78所示；单击"下一步"按钮，打开"存储为"对话框，设置好存储路径和名称，单击"存储"按钮即可输出静帧图像。

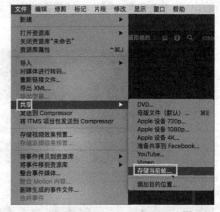

图 3-77

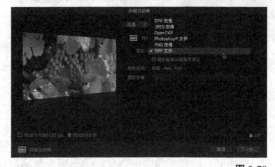

图 3-78

技巧与提示

默认情况下，在进行静帧图像的输出操作时会发现"共享"菜单中没有"存储当前帧"选项，此时可以在"共享"菜单中选择"添加目的位置"命令，打开"目的位置"对话框，在左侧列表中选择"添加目的位置"选项，在右侧列表中选择"存储当前帧"选项，按住鼠标左键并拖曳至左侧列表中，即可完成"存储当前帧"选项的添加。

3.7.3 PSD文件的应用

Final Cut Pro X软件是一个很强大的视频编辑与制作软件，具有较好的兼容性，因此可以与多个软件或硬件搭配使用。比如，可以直接在视频片段中添加PSD文件。

在Final Cut Pro X软件中应用PSD文件的方法很简单，与导入媒体素材的方法一样使用"导入媒体"命令，将PSD文件导入"浏览器"窗口，将导入的PSD文件添加至时间线中，然后双击PSD文件片段，PSD文件将在其他时间线中展开，如图3-79所示。展开的PSD文件分为3层，在Final Cut Pro X软件中可以编辑3层中的任意一层，包括放大缩小、调整单层位置、添加关键帧动画等。

图 3-79

3.7.4 改变静帧图像长度

静帧图像没有时间长度的限制，将其添加到时间线中会默认添加4秒的内容。如果要改变静帧图像长度，可以使用"更改时间长度"命令或者拖动编辑点来改变。

1. 手动修改静帧图像长度

手动修改静帧图像长度的方法有以下几种。

- 单击静帧图像两侧的编辑点，当编辑点变成黄色的大括号形状时，按住鼠标左键并进行拖曳，即可修改静帧图像的长度，如图3-80所示。

图 3-80

- 选择静帧图像，然后在菜单栏中单击"修改"|"更改时间长度"命令，如图3-81所示。此时"监视器"窗口中的时间码将被激活，通过输入数值可以更加精确地修改静帧图像长度。

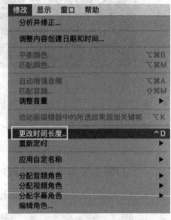

图 3-81

2. 默认修改静帧图像长度

当需要在项目中添加多个时间长度相同的图片文件时，如果逐个手动修改图片的时间长度无疑会增加工作量。为了提高修改效率，可以将静帧图像的长度设置为默认，具体操作方法是：在菜单栏中单击"Final Cut Pro"|"偏好设置"命令，如图3-82所示；或按快捷键"Command+"，打开"编辑"对话框，单击"编辑"按钮，切换至"编辑"选项卡，修改"静止图像时间长度"参数即可，如图3-83所示。

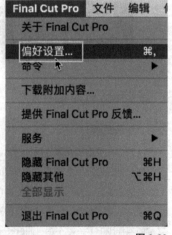

图 3-82

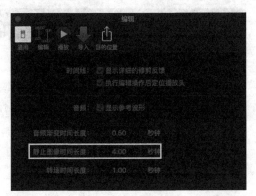

图 3-83

3.7.5 课堂案例——制作静帧图像并改变长度

实例效果：效果＞资源库＞第3章＞3.7.5

素材位置：素材＞第3章＞3.7.5＞可爱猫咪.mp4

在线视频：第3章＞3.7.5 课堂案例——制作静帧图像并改变长度

实用指数：☆☆☆☆

技术掌握：静帧图像的处理

　　在剪辑视频的过程中，可以单独将某一帧制作为静帧图像，并修改该静帧图像的时间长度。

(01) 在"事件资源库"窗口的空白处单击鼠标右键，在弹出的快捷菜单中选择"新建事件"命令。打开"新建事件"对话框，设置"事件名称"为"3.7.5"，其他参数保持默认设置，单击"好"按钮，新建一个事件。

(02) 在"浏览器"窗口的空白处单击鼠标右键，在弹出的快捷菜单中选择"导入媒体"命令，打开"媒体导入"对话框，在对应的文件夹下选择"可爱猫咪.mp4"视频文件，单击"导入所选项"按钮，即可导入素材对象，如图3-84所示。

图 3-84

(03) 打开事件中的项目文件，在"浏览器"窗口中选择所有媒体素材，将其添加至"磁性时间线"窗口的视频轨道上，然后将时间线移至00:00:06:20位置处，如图3-85所示。

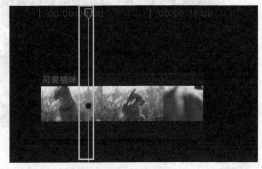

图 3-85

(04) 选择"磁性时间线"窗口中的视频片段，按快捷键"Option+F"即可制作指定位置的静帧图像，如图3-86所示。

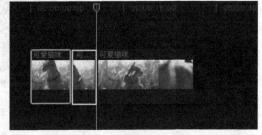

图 3-86

(05) 在"浏览器"窗口中的视频片段上选择需要制作静帧图像的画面，如图3-87所示。

图 3-87

(06) 按快捷键"Option+F"即可制作静帧图像，且制作的静帧图像将以连接片段的形式连接在主要故事情节中的原片段上方，如图3-88所示。

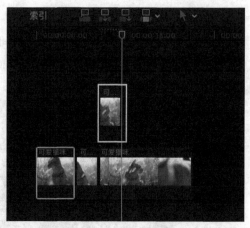

图 3-88

07 选择上方"磁性时间线"窗口的静帧图像，在菜单栏中单击"修改"|"更改时间长度"命令，如图 3-89所示。

图 3-89

08 在"监视器"窗口的时间码中输入时间长度为"00:00:07:00"，如图 3-90所示。

图 3-90

09 按回车键即可完成静帧图像时间长度的修改，如图 3-91所示。

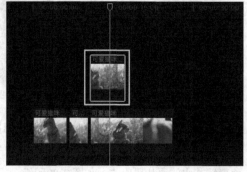

图 3-91

3.8 调整影片速度

在影片中，为了表示时间的飞速流逝，往往会将镜头设置为快速播放，而慢动作也是编辑过程中经常会用到的一种方式。当画面与背景音乐同步时，音乐的时间长度与画面的时间长度不完全一致，此时需要在不影响故事情节的情况下根据音乐的节奏来调整影片的速度。

3.8.1 匀速更改片段速度

在Final Cut Pro X软件中，可以对视频片段的速度进行匀速调整。调整片段的速度对片段的时间长度会有相应的影响。在进行匀速调整视频片段时，可以设置快速、慢速和自定义速度等参数，不同的速度会产生不同的时间长度。

1. 调整片段慢速播放

如果想将视频片段慢速播放，则可以选择"慢速"菜单中的命令进行调整。调整片段慢速播放的方法有以下几种。

- 选择视频片段，然后在菜单栏中单击"修改"|"重新定时"|"慢速"命令，在展开的子菜单中选择对应的慢速命令，如图 3-92所示，不同的命令会产生不同程度的慢速播放效果。

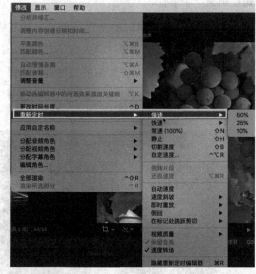

图 3-92

- 选择视频片段，然后在菜单栏中单击"修改"|"重新定时"|"显示重新定时编辑器"命令，在选择的片段上显示重新定时编辑器，然后单击指示条上文字右侧的三角按钮 <kbd>▾</kbd>，打开下拉列表，选择"慢速"命令，在展开的列表中选择合适的慢速命令即可，如图3-93所示。

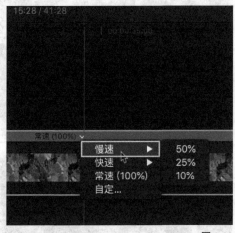

图 3-93

执行以上任意一种方法，均可以调整视频片段的播放速度为慢速，当调整为慢速后，视频片段的持续时间会增长，且指标条会变为橙色，如图3-94所示。

图 3-94

2. 调整片段快速播放

如果想将视频片段快速播放并缩短视频片段的持续时间，可以选择"快速"菜单中的命令进行调整。调整片段快速播放的方法很简单，用户只需要选择视频片段，然后在菜单栏中单击"修改"|"重新定时"|"快速"命令，在展开的子菜单中选择对应的快速命令，如图3-95所示，不同的命令会产生不同程度的快速播放效果。当调整为快速后，视频片段的持续时间会缩短，且指标条会变为蓝色，如图3-96所示。

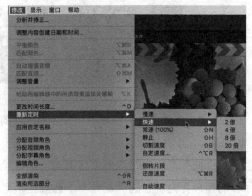

图 3-95

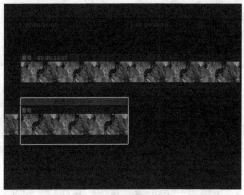

图 3-96

3. 调整片段自定速度播放

如果想自定播放速度，则可以通过"自定速度"命令来实现。调整片段自定速度播放的方法很简单，用户只需要选择视频片段，然后在菜单栏中单击"修改"|"重新定时"|"自定速度"命令，如图3-97所示。打开"自定速度"对话框，在对话框中可以对视频片段的播放方向、速率和时间长度等参数进行设置，如图3-98所示。

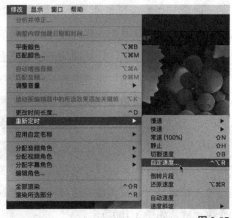

图 3-97

图 3-98

在"自定速度"对话框中，各主要选项的含义如下。

- "方向"选项区：该选项区用来决定视频片段的播放方向。点选"正向"单选按钮，则视频片段按照正常顺序播放；点选"倒转"单选按钮，则视频片段反向播放。
- "速率"单选按钮：点选该单选按钮，可以调整播放速率的参数值，速率百分比数值越大说明播放速度越快。
- "时间长度"单选按钮：点选该单选按钮，可以调整视频片段的播放时长。
- "波纹"复选框：勾选该复选框，修改片段速度时其持续的时间会相应发生变化。
- "还原"按钮 ：单击该按钮，可以将设定恢复到初始状态。

3.8.2 使用变速方法改变片段速率

在视频剪辑工作中，经常需要通过对同一片段的前后段进行加速或减速，来达到提高画面节奏感和强调片段信息的效果。在Final Cut Pro X软件中，要实现这种效果非常简单，只需要使用"切割速度"命令即可。

使用"切割速度"命令，可以在视频片段中设定某个点，使片段的一部分进行快速播放，而另一部分进行慢速播放，让画面的播放速度有节奏地发生变化。切割视频片段速度的具体方法很简单，将时间线移动至合适的位置，然后在菜单栏中单击"修改"|"重新定时"|"切割速度"命令，如图3-99所示。通过执行该命令可以将时间线等分为两部分，但视频片段并没有被分割。将两部分片段的速度进行调整，让视频播放速度从慢速到快速进行变速播放，如图3-100所示。

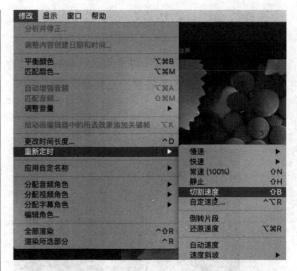

图 3-99

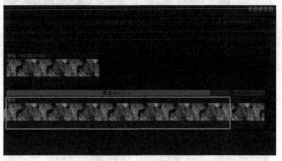

图 3-100

3.8.3 速度斜坡

在使用Final Cut Pro X软件调整视频播放速度时，使用"速度斜坡"命令可以调整视频的分段速度。

使用"速度斜坡"命令可以选择将视频分段为4个具有不同速度百分比的部分，从而创建变化效果。设置分段速度的具体方法是：在时间线中选择要应用速度变化效果的范围片段或整个视频片段，然后在菜单栏中单击"修改"|"重新定时"|"速度斜坡"命令，如图 3-101所示。如果要分段降低视频的播放速度，则可以在"速度斜坡"子菜单中选择"到0%"命令；如果要分段提高视频的播放速度，则可以在"速度斜坡"子菜单中选择"从0%"命令。

图 3-101

3.8.4 课堂案例——快速制作变速镜头

实例效果：效果>资源库>第3章>3.8.4
素材位置：素材>第3章>3.8.4>蜡烛.mp4
在线视频：第3章>3.8.4 课堂案例——快速制作变速镜头
实用指数：☆☆☆☆☆
技术掌握：制作变速镜头

在编辑视频片段时，为视频添加变速镜头可以为视频增加时快时慢的画面效果。

01 在"事件资源库"窗口的空白处单击鼠标右键，打开快捷菜单，选择"新建事件"命令，打开"新建事件"对话框，设置"事件名称"为"3.8.4"，其他参数保持默认设置，单击"好"按钮即可新建一个事件。

02 在"浏览器"窗口的空白处单击鼠标右键，在弹出的快捷菜单中选择"导入媒体"命令，打开"媒体导入"对话框，在对应的文件夹下选择"蜡烛.mp4"视频文件，单击"导入所选项"按钮，即可导入素材对象，如图3-102所示。

图 3-102

03 打开事件中的项目文件，在"浏览器"窗口中选择所有媒体素材，将其添加至"磁性时间线"窗口的视频轨道上，然后将时间线移至00:00:06:09位置处，如图 3-103 所示。

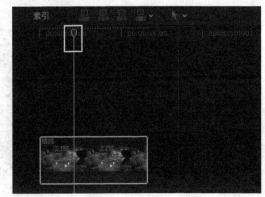

图 3-103

04 在菜单栏中单击"修改"|"重新定时"|"切割速度"命令，如图 3-104 所示。

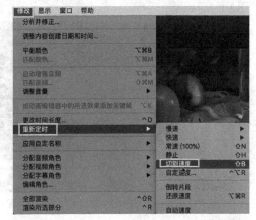

图 3-104

05 上述操作完成后，即可在时间线位置处切割视频速度，如图 3-105 所示。

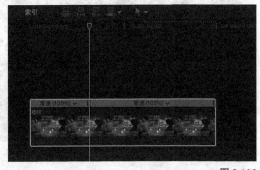

图 3-105

06 在第1部分视频片段前单击"常速（100%）"选项右侧的三角按钮 ，打开下拉列表，选择"慢速"命令，在展开的列表中选择"50%"命令，如图 3-106所示，即可更改视频片段慢速播放程度。

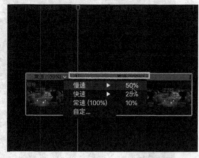

图 3-106

07 在第2部分视频片段前，单击"常速（100%）"选项右侧的三角按钮 ，打开下拉列表，选择"快速"命令，在展开的列表中选择"4x"命令，如图 3-107所示。

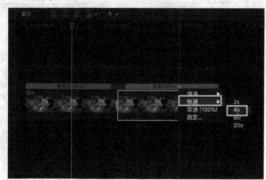

图 3-107

08 上述操作完成后，即可将第2部分的视频片段设置为快速播放，如图 3-108所示。

图 3-108

09 选择第1部分视频片段，在菜单栏中单击"修改"|"重新定时"|"速度斜坡"|"到0%"命令，如图 3-109所示。

图 3-109

10 上述操作完成后，即可将第1部分的视频片段设置为分段播放，如图 3-110所示。

图 3-110

3.9 多机位剪辑

在拍摄教学或是谈话类影片时，会在同一个场景中架设多台摄像机。这些摄像机从不同的角度和景别来对同一对象进行拍摄，从而得到不同的拍摄效果。在剪辑视频时，时常需要切换机位并对齐画面，因此为了避免进行如此复杂的操作，可以使用Final Cut Pro X软件中的"多机位"功能对机位进行实时调度与切换。本节将详细讲解多机位剪辑的方法。

3.9.1 创建多机位片段

使用多机位片段可以将同一时间、相同内容、多个机位不同角度拍摄的素材进行剪辑与展示。创建多机位片段的方法有以下几种。

- 在菜单栏中单击"文件"|"新建"|"多机位片段"命令,如图3-111所示。

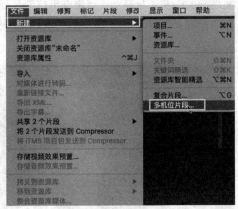

图 3-111

- 在"浏览器"窗口中框选媒体素材,单击鼠标右键,打开快捷菜单,选择"新建多机位片段"命令,如图3-112所示。

图 3-112

执行以上任意一种方法,均可以打开"多机位片段名称"对话框,如图3-113所示。设置好多机位片段名称、事件、起始时间码等参数后,单击"好"按钮即可创建多机位片段。在创建了多机位片段后,片段的左上角会出现一个"多机位片段"的标志 ▦。

图 3-113

3.9.2 自动设置创建多机位片段

在"多机位片段名称"对话框中单击"使用自动设置"按钮,打开对话框,如图3-114所示。

图 3-114

在"多机位片段名称"对话框中,各主要选项的含义如下。

- "角度编排"列表框:该列表框用于选取在多机位片段中创建角度的方式。选择"自动"选项,可以自动创建角度;选择"摄像机角度"选项,可以根据选定片段的"摄像机角度"属性在多机位片段中创建角度;选择"摄像机名称"选项,可以根据选定片段的"摄像机名称"属性在多机位片段中创建角度;选择"片段"选项,可以为每个选定片段创建单独角度,使用每个片段中的"名称"属性给角度命名。

- "角度片段排序"列表框:该列表框用于选取在多机位片段中角度的排序方式。选择"自动"选项,可以自动将各个角度内的片段进行排序;选择"时间码"选项,可以根据片段中录制的时间码对各个角度内的片段进行排序;选择"内容创建日期"选项,可以根据摄像机或视频录制设备录制的日期和时间信息对各个角度内的片段进行排序。

- "角度同步"列表框:该列表框用于选取在多机位片段中角度的同步方式。

3.9.3 预览多机位片段

在创建了多机位片段后，可以对多机位片段进行显示操作。预览多机位片段的方法有以下几种。

- 在菜单栏中单击"显示"|"在检视器中显示"|"角度"命令，如图3-115所示。

图 3-115

- 在"检视器"窗口中单击"显示"右侧的三角按钮 显示，打开下拉列表，选择"角度"命令，如图3-116所示。

图 3-116

- 按快捷键"Shift+Command+7"。

执行以上任意一种方法，均可以预览多机位片段。"检视器"窗口会一分为二，可以同时对多机位片段中各个角度的画面进行实时预览。左侧的"角度检视器"显示了多机位片段的画面，每个角度画面的左下角显示了该角度机位的名称。右侧的"检视器"显示当前正在进行播放的画面，如图3-117所示。

图 3-117

在预览多机位片段时，如果要设置多机位显示数量，则可以单击右上角的"设置"右侧的三角按钮 设置，打开下拉列表，选择对应的角度数量命令即可，如图3-118所示。

图 3-118

3.9.4 课堂案例——多机位片段编辑处理

实例效果：效果>资源库>第3章>3.9.4
素材位置：素材>第3章>3.9.4>绿叶.mp4、葡萄.mp4、蝶恋花.mp4
在线视频：第3章>3.9.4 课堂案例——多机位片段编辑处理
实用指数：☆☆☆☆
技术掌握：新建多机位片段

使用"多机位片段"命令可以先创建多机位片段，然后对多机位片段进行编辑操作。

01 在"事件资源库"窗口的空白处单击鼠标右键，打开快捷菜单，选择"新建事件"命令，打开"新建事件"对话框,设置"事件名称"为"3.9.4",其他参数保持默认设置,单击"好"按钮,即可新建一个事件。

02 在"浏览器"窗口的空白处单击鼠标右键,打开快捷菜单,选择"导入媒体"命令,打开"媒体导入"对话框,在对应的文件夹下选择所有的视频文件,单击"导入所选项"按钮,即可导入素材对象,如图3-119所示。

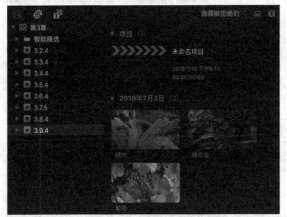

图 3-119

03 在"浏览器"窗口中选择所有的媒体素材,单击鼠标右键,打开快捷菜单,选择"新建多机位片段"命令,如图3-120所示。

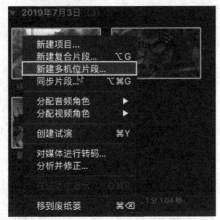

图 3-120

04 打开"多机位片段名称"对话框,设置"多机位片段名称"为"多机位片段",再设置其他参数值,然后单击"好"按钮,如图3-121所示。

图 3-121

05 在"浏览器"窗口中添加多机位片段,效果如图3-122所示。

图 3-122

06 选择时间线中最下方的视频片段,单击其右上角的三角按钮 ,打开下拉列表,选择"同步到监视角度"命令,如图3-123所示。

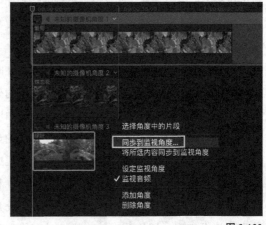

图 3-123

07 上述操作完成后，即可同步多机位片段的角度，再单击"完成"按钮即可，其效果如图3-124所示。

图 3-124

3.10 编辑中常用的便捷方式

在Final Cut Pro X软件中有一些常用的编辑便捷方式，运用这些便捷方式可以快速剪辑视频素材。本节将详细讲解编辑中常用的便捷方式的应用与设置方法。

3.10.1 时间线外观设置

当时间线在进行一项较大规模的剪辑时，多而杂的素材经常会让用户眼花缭乱，在修改时感到无从下手，很可能会弄乱剪辑的时间线，此时就需要对时间线的外观进行设置。在Final Cut Pro X软件中可以更改片段在时间线中的显示方式，比如可以显示带有或不带视频连续画面或音频波形的片段。还可以更改片段的垂直高度、调整视频连续画面的相对大小、片段缩略图中的音频波形甚至可以仅显示片段标签。

设置时间线外观的具体方法是：在"磁性时间线"窗口中，单击"更改片段在时间线中的外观"按钮，打开"片段设置"对话框，如图3-125所示。在对话框中如果要调整连续画面的显示和波形，可以通过单击"更改片段在时间线中的外观"按钮实现；如果要显示片段的名称和角度，可以通过勾选"片段名称"和"片段角色"复选框实现，其修改后的"磁性时间线"窗口如图3-126所示。

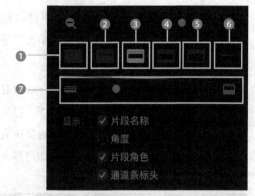

图 3-125

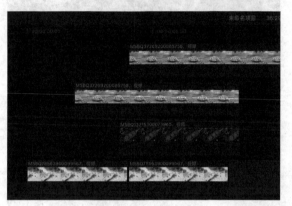

图 3-126

在"片段设置"对话框中，各主要选项的含义如下。

- **❶** ▬按钮：单击该按钮，可以显示仅带有大型音频波形的片段。

- **❷** ▬按钮：单击该按钮，可以显示带有大型音频波形和小型连续画面的片段。

- **❸** ▭按钮：单击该按钮，可以显示带有等大的音频波形和视频连续画面的片段。

- **❹** ▭按钮：单击该按钮，可以显示带有小型音频波形和大型连续画面的片段。

- **❺** ▭按钮：单击该按钮，可以显示仅带有大型连续画面的片段。

- **❻** ▬按钮：单击该按钮，可以仅显示片段标签。

- **❼** ▬▬▬▬选项区：在该选项区可以单击并拖移滑块来调整时间线中的垂直高度，向左拖移"片段高度"滑块可以减小片段高度，向右拖移"片段高度"滑块可以增大片段高度。

- "片段名称"复选框：勾选该复选框，可以按名称查看片段。
- "角度"复选框：勾选该复选框，可以按活跃的视频角度和活跃的音频角度来查看多机位片段。
- "片段角色"复选框：勾选该复选框，可以按角色查看片段。
- "通道条标头"复选框：勾选该复选框，可以始终显示通道条名称。

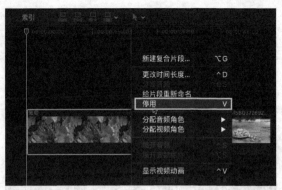

图 3-128

3.10.2 巧用时间线片段的独奏、隐藏

"磁性时间线"窗口右上角的按钮可以很大程度上提高预览素材与编辑片段的速度。

1. 独奏时间线中的片段

在"磁性时间线"窗口中单击"独奏所选项"按钮或按快捷键"Option+S"，此时时间线中除了所选片段其他片段都会变成黑白色，如图3-127所示。当播放所选片段时，会发现时间线中其他片段的声音均被屏蔽掉，画面会增长持续播放的时间，唯一能够听到的音频声来自所选片段。

图 3-127

2. 隐藏时间线中的片段

如果要隐藏时间线中的视频片段，可以通过"停用"命令实现，其具体方法是：在"磁性时间线"窗口中选择视频片段，单击鼠标右键，打开快捷菜单，选择"停用"命令，如图 3-128所示。该时间线中选择的片段将会处于半黑状态，当在监视器中播放这个片段时，就不会有该片段的图像显示。

3.10.3 使用时码与改变连接线

摄像机在拍摄时会有一个时码，这个时码会显示到素材上，在剪辑中可以用时码来同步多机位片段。时码在时间线中的使用方法很简单，与其在"浏览器"窗口中的使用方式相似，可以按快捷键"Control+D"，然后在时码窗口中输入数字，改变时间线上片段的长度。

如果要改变连接线位置，可以选中视频片段上连接的次级故事情节，按快捷键"Command+Option"，在视频片段后的空隙片段上将鼠标左键放置在次级故事情节的上边缘，单击鼠标左键。此时，次级故事情节的连接线会从视频片段移动到后面的空隙片段上。

3.10.4 课堂案例——时间线上按钮的使用

实例效果：效果>资源库>第3章>3.10.4	
素材位置：素材>第3章>3.10.4>美食制作.mp4	
在线视频：第3章>3.10.4 课堂案例——时间线上按钮的使用	
实用指数：☆☆☆	
技术掌握：使用时间线上的按钮	

使用时间线上的"独奏所选项"按钮可以只播放显示的视频片段。

01 在"事件资源库"窗口的空白处单击鼠标右键，打开快捷菜单，选择"新建事件"命令，打开"新建事件"对话框，设置"事件名称"为

"3.10.4"，其他参数保持默认设置，单击"好"按钮，即可新建一个事件。

02 在"浏览器"窗口的空白处单击鼠标右键，打开快捷菜单，选择"导入媒体"命令，打开"媒体导入"对话框，在对应的文件夹下选择"美食制作.mp4"视频文件，单击"导入所选项"按钮，即可导入素材对象，如图3-129所示。

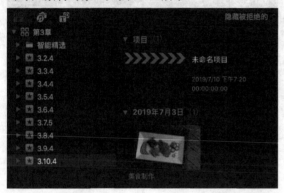

图 3-129

03 打开事件中的项目文件，在"浏览器"窗口中选择"美食制作.mp4"媒体素材，将其两次添加至"磁性时间线"窗口的视频轨道上，如图 3-130 所示。

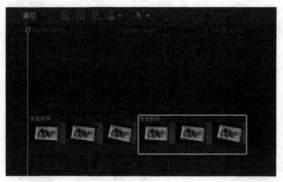

图 3-130

04 选择时间线左侧的视频片段，单击"独奏所选项"按钮 🎧 ，即可独奏所选视频片段，其时间线如图3-131所示。

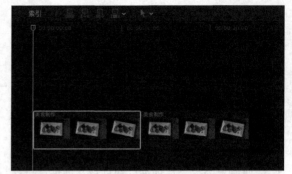

图 3-131

3.11 本章小结

学习了视频剪辑技术后，可以对视频片段进行完美的剪辑操作。本章的学习重点是Final Cut Pro X软件中的各种视频剪辑方法，只有熟练掌握了这部分视频剪辑知识，日后才能高效地对各类媒体文件进行剪辑操作。

3.12 课后习题

3.12.1 课后习题——使用"切割"工具切割视频

实例效果：效果＞资源库＞第3章＞课后习题1	
素材位置：素材＞第3章＞课后习题＞花朵摇曳.mp4	
在线视频：第3章＞3.12.1 课后习题——使用"切割"工具切割视频	
实用指数：☆☆☆	
技术掌握：使用"切割"工具切割视频	

本习题主要练习在Final Cut Pro X软件中如何运用"切割"工具切割视频，如图3-132所示。

图 3-132

分解步骤如图3-133所示。

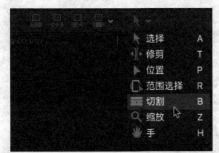

图3-133

3.12.2 课后习题——创建多机位片段

实例效果：效果＞资源库＞第3章＞课后习题2	
素材位置：素材＞第3章＞课后习题＞蓝天白云.mp4	
在线视频：第3章＞3.12.2 课后习题——创建多机位片段	
实用指数：☆☆☆☆	
技术掌握：创建多机位片段	

本习题主要练习在Final Cut Pro X软件中如何使用"新建多机位片段"命令创建出多机位片段，如图3-134所示。

图 3-134

分解步骤如图3-135所示。

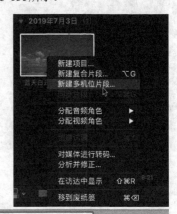

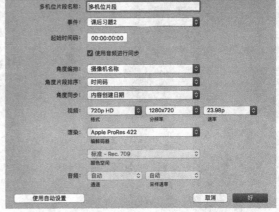

图 3-135

第4章

滤镜与转场

内容摘要

滤镜，是指将一种效果添加到视频或者音频上，可以使画面的主体更加突出，使作品具备更丰富的视听效果。转场，是指两个视频片段之间的一种过渡效果，可以使视频片段之间的过渡更加平滑，同时还能起到强调片段的作用。本章将介绍滤镜与转场的具体使用方法。

课堂学习目标

- 应用视频滤镜
- 应用音频滤镜
- 为滤镜设置关键帧动画
- 添加视频转场

4.1 视频滤镜

Final Cut Pro X软件内置品类丰富的滤镜库，用户可以自行选择滤镜库中的滤镜，并将其拖曳到视频片段上。此外，为了增强画面效果的多样性，还可以在同一个片段上添加多层滤镜，并通过关键帧的运用使视觉效果最大化。

4.1.1 添加单一滤镜

在"效果浏览器"面板中选择需要添加的滤镜效果，如图4-1所示。按住鼠标左键并进行拖曳，放置到时间线中的视频片段上后，鼠标指针下方会出现一个带"+"号的绿色圆形标志 ⊕，此时所选择的视频片段也会呈现高亮状态，如图4-2所示。

图4-1

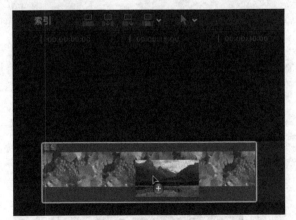

图4-2

释放鼠标左键后，将完成单一视频滤镜的添加。

图4-3所示为视频片段添加"变亮"滤镜前后的效果对比。

原图

效果图

图4-3

技巧与提示

默认情况下，"效果浏览器"面板为隐藏状态。用户需要在菜单栏中单击"窗口"|"在工作区中显示"|"效果"命令，或按快捷键"Command+5"，或单击"磁性时间线"窗口右上方的"显示或隐藏效果浏览器"按钮 ▇，即可显示出"效果浏览器"面板。

4.1.2 添加多层滤镜

在进行视频的编辑处理时，为了丰富视频片段的质感并实现视觉效果的最大化，往往会为某一个片段添加多层滤镜。

在"效果浏览器"面板中选择多个视频滤镜，按住鼠标左键并进行拖曳，将选中的多个视频滤镜添加到时间线的素材片段上即可。添加了多层滤镜后，"检查器"窗口的"效果"选项区中会显示添加的多个滤镜，如图4-4所示。

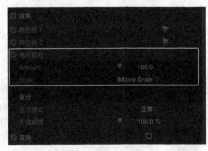

图4-4

4.1.3 删除与隐藏滤镜

在添加了视频滤镜后，如果对某些滤镜所产生的画面效果不满意，则可以删除该滤镜或将其隐藏。下面为大家介绍具体操作方法。

在"检查器"窗口的"效果"选项区中选择不需要的视频滤镜，按"Delete"键，即可删除滤镜；在"检查器"窗口的"效果"选项区中取消勾选滤镜前的复选框，如图4-5所示，即可隐藏该视频滤镜。

图 4-5

4.1.4 为多个片段添加滤镜

在进行视频的编辑处理时，为了使画面（镜头组镜）效果统一，就需要为多段视频素材添加相同的滤镜效果。

为多个片段添加相同滤镜的操作方法很简单，在"磁性时间线"窗口中按住鼠标左键并进行拖曳，框选多个视频片段，然后在"效果浏览器"面板中双击视频滤镜，即可同时为多个片段添加该滤镜效果。

4.1.5 复制片段属性给其他片段

为多个视频片段添加相同的滤镜后，当调整滤镜的有关参数时，如果逐个进行调整，势必需要花费很多时间。针对这种情况，可以先调整其中一个片段的滤镜参数，再将调整完成后的滤镜复制到其他片段上，这样不仅能保证画面效果的统一，还能节省大量的工作时间。

复制某一片段属性给其他片段的方法很简单，只需要在时间线中选择视频片段，按快捷键"Command+C"复制选中的片段，然后选中其他的片段，在菜单栏中单击"编辑"|"粘贴属性"命令，如图4-6所示。打开"粘贴属性"对话框后，在对话框中勾选"效果"复选框，单击"粘贴"按钮，如图4-7所示。

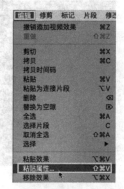

图 4-6

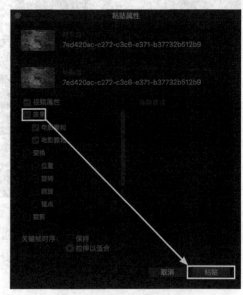

图 4-7

在"粘贴属性"对话框中，各主要选项的含义如下。

- "视频属性"列表框：在该列表框中包含效果、变换、裁剪、变形等视频属性，勾选对应的复选框即可应用对应的视频属性。
- "音频属性"列表框：该列表框中包含各种音频属性。
- "保持"单选按钮：点选该单选按钮，可以确保关键帧之间的时间长度不变。
- "拉伸以适合"单选按钮：点选该单选按钮，可以按时间调整关键帧以匹配目标片段的时间长度。

4.1.6 课堂案例——快速制作试演特效片段

实例效果：效果＞资源库＞第4章＞4.1.6

素材位置：素材＞第4章＞4.1.6＞浪漫大草原.mp4、下雨的草地.mp4

在线视频：第4章＞4.1.6 课堂案例——快速制作试演特效片段

实用指数：☆☆☆☆☆

技术掌握：制作试演特效片段

在进行视频的编辑处理时，可以先制作好试演片段，再为试演片段添加视频滤镜。下面讲解具体操作方法。

① 新建一个资源库，将其命名为"第4章"。在"事件资源库"窗口的空白处单击鼠标右键，打开快捷菜单，选择"新建事件"命令，打开"新建事件"对话框，设置"事件名称"为"4.1.6"，其他参数保持默认设置，单击"好"按钮，新建一个事件。

② 在"浏览器"窗口的空白处单击鼠标右键，打开快捷菜单，选择"导入媒体"命令，打开"媒体导入"对话框，在对应的文件夹下选择"浪漫大草原.mp4"和"下雨的草地.mp4"视频文件，单击"导入所选项"按钮，导入所选的视频文件，如图4-8所示。

③ 在"浏览器"窗口中选择所有的媒体素材，单击鼠标右键，打开快捷菜单，选择"创建试演"命令，如图4-9所示。

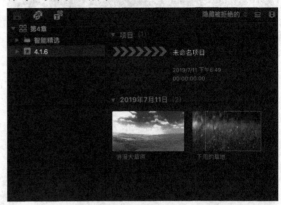

图4-8

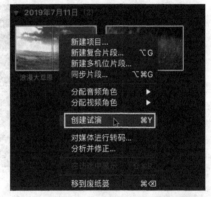

图4-9

④ 上述操作完成后，即可创建试演片段，并在"浏览器"窗口中显示，如图4-10所示。

⑤ 在"浏览器"窗口中选择试演片段，按住鼠标左键并拖曳至"磁性时间线"窗口的视频轨道上，如图4-11所示。

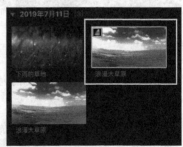

图4-10

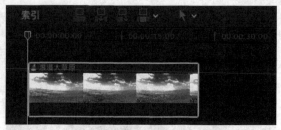

图 4-11

06 在"效果浏览器"面板中选择左侧列表中的"全部"选项，然后在右侧展开的列表中选择"翻转"滤镜，如图4-12所示。

07 按住鼠标左键进行拖曳，将其添加至"磁性时间线"窗口的试演片段中，即可添加"翻转"滤镜，视频效果如图4-13所示。

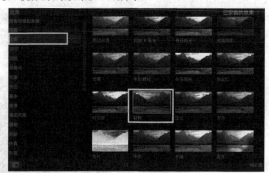

图 4-12

图 4-13

08 在"效果浏览器"面板中，选择左侧列表中的"全部"选项，然后在右侧的列表中选择"颜色板"滤镜，如图4-14所示。

09 在"检查器"窗口中单击"颜色板1"效果上方的■按钮，展开"颜色板检查器"窗口，设置"中间调"和"高光"参数值，如图4-15所示。

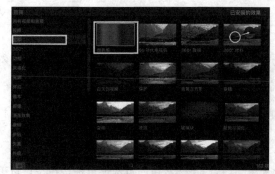

图 4-14

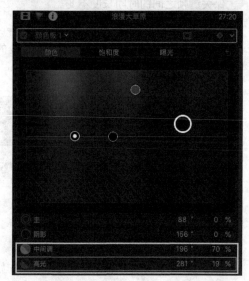

图 4-15

10 完成视频滤镜效果的调整后，即可得到最终视频效果，如图4-16所示。

图 4-16

4.2 音频滤镜

　　Final Cut Pro X软件不仅提供丰富的视频滤镜，还提供丰富的音频滤镜，能帮助用户打造丰富的音频效果。本节将为各位读者详细讲解添加与调整音频滤镜的具体方法。

4.2.1 添加音频滤镜

为音频素材添加音频滤镜，可以制作出立体环绕声、低音、变声等音频效果。添加音频滤镜的方法与之前讲解的添加视频滤镜的方法相似，用户只需在"效果浏览器"面板的左侧列表中选择"音频"和"全部"选项，然后在右侧列表中单击选择音频滤镜，如图4-17所示。

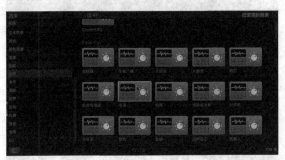

图 4-17

在选择某一音频滤镜后，将其拖曳至时间线中的音频片段上，鼠标指针下方会出现一个带"+"号的绿色圆形标志，并且所选择的音频片段会呈高亮状态，如图4-18所示。释放鼠标左键，即可完成音频滤镜的添加。

图 4-18

4.2.2 音频滤镜的调节与设置

添加了音频滤镜后，可以在"音频检查器"窗口的"效果"选项区中设置音频效果的参数值。例如，在音频片段上添加"车载广播"音频滤镜后，在"音频检查器"窗口中可以设置"车载广播"属性下的"预置"、"数量"和"Fat EQ"等参数

值，如图4-19所示。在完成参数值的设置后，如果想将参数值恢复到初始状态，可以单击参数选项右侧的 ▼ 按钮，在打开的下拉列表中选择"还原参数"选项即可，如图4-20所示。

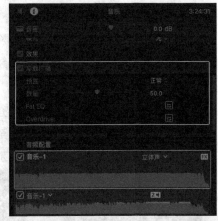

图 4-19

图 4-20

4.2.3 课堂案例——调节音频素材声音大小

实例效果：效果＞资源库＞第4章＞4.2.3
素材位置：素材＞第4章＞4.2.3＞荷花.mp4、音乐.mp3
在线视频：第4章＞4.2.3 课堂案例——调节音频素材声音大小
实用指数：☆☆☆☆
技术掌握：调节音频素材的声音

在编辑视频中的音频素材时，可以为素材添加"较少低音"和"较少高音"音频滤镜，完成音频素材的声音大小的调整。

01 在"事件资源库"窗口的空白处单击鼠标右键，打开快捷菜单，选择"新建事件"命令，打开"新建事件"对话框，设置"事件名称"为

"4.2.3"，其他参数保持默认设置，单击"好"按钮，新建一个事件。

02 在"浏览器"窗口的空白处单击鼠标右键，打开快捷菜单，选择"导入媒体"命令，打开"媒体导入"对话框，在对应的文件夹下选择"荷花.mp4"视频文件和"音乐.mp3"音频文件，单击"导入所选项"按钮，导入视频和音频文件，如图 4-21所示。

03 打开已有的项目文件，选择"浏览器"窗口中的视频文件和音频文件，将它们添加至"磁性时间线"窗口的视频轨道上，如图 4-22所示。

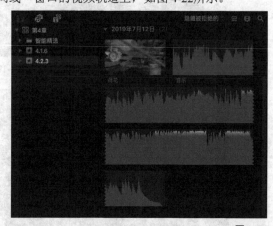

图 4-21

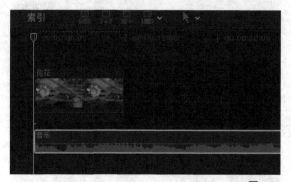

图 4-22

04 在工具栏中单击"选择工具"右侧的三角按钮 ，在打开的下拉列表中选择"切割"工具 ，如图 4-23所示。

05 将时间线移至视频片段的末尾处，当鼠标指针呈形状 ◆ 时，单击鼠标左键，即可分割音频文件，如图 4-24所示。

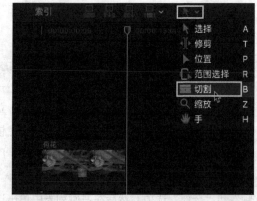

图 4-23

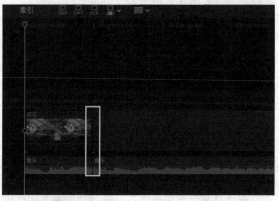

图 4-24

06 使用"选择"工具选择后半部分的音频文件，如图 4-25所示，按"Delete"键删除多余的音频文件。

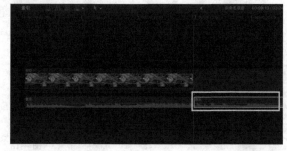

图 4-25

07 将时间线移至00:00:06:17位置处，在工具栏中选择"切割"工具 ，在时间线位置处将音频文件分割成两部分，如图 4-26所示。

08 在"效果浏览器"面板中，在左侧列表中选择"音频"|"全部"选项，在右侧列表中选择"较少低音"音频滤镜，如图 4-27所示。

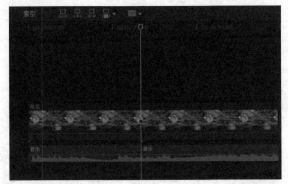

图 4-26

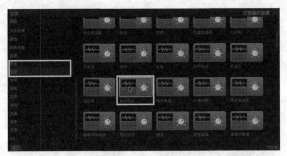

图 4-27

⑨ 将选择的"较少低音"音频滤镜添加至"磁性时间线"窗口左侧的音频文件上,完成音频滤镜的添加。然后在"音频检查器"窗口的"效果"选项区中设置"数量"参数为"34.0",如图 4-28所示,完成音频文件音量的调低操作。

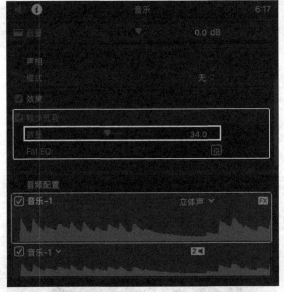

图 4-28

⑩ 在"效果浏览器"面板中,在左侧列表中选择"音频"|"全部"选项,在右侧列表中选择"较少高音"音频滤镜,如图 4-29所示。

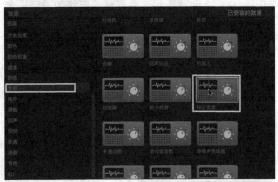

图 4-29

⑪ 将选择的"较少高音"音频滤镜添加至"磁性时间线"窗口右侧的音频文件上,完成音频滤镜的添加。然后在"音频检查器"窗口的"效果"选项区中设置"数量"参数为"73.0",如图 4-30所示,完成音频文件音量的调高操作。

图 4-30

4.3 为滤镜设置关键帧动画

在为视频片段添加了视频滤镜后,还可以为视频滤镜添加关键帧,来给视频片段增添更多变化。本节将为各位读者详细讲解如何为滤镜设置关键帧动画。

4.3.1 利用遮罩制作移轴镜头

使用Final Cut Pro X中的"遮罩"滤镜，可以在视频片段上创建形状，并调整该形状的透明度参数，从而对视频片段进行遮罩。

Final Cut Pro X软件内置多种强大的"遮罩"滤镜，可用于视频片段或静帧图像中创建透明度区域。在"效果浏览器"面板的"遮罩"列表框中包含多种滤镜，如图4-31所示。除了"绘制遮罩"滤镜之外，其他的遮罩效果都被视为"简单遮罩"，可进行相对直观的遮罩控制。

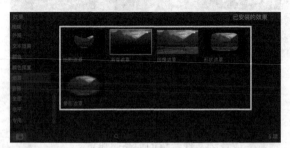

图 4-31

在"遮罩"列表框中，各主要选项的含义如下。

- "绘制遮罩"：结合控制点和样条曲线进行绘制，并调整形状和曲率，以绘制复杂的自定义形状遮罩。
- "渐变遮罩"：根据渐变（从完全透明到不完全透明）创建遮罩。
- "图像遮罩"：使用不同图像中的色度通道、亮度通道或Alpha通道在片段中创建透明度区域。
- "形状遮罩"：在从椭圆到矩形的任何形状中创建遮罩。
- "晕影遮罩"：使用渐变边缘创建水平椭圆遮罩。

在制作移轴镜头效果时需要用到"渐变遮罩"滤镜和"高斯曲线"滤镜，具体的操作方法是：在"磁性时间线"窗口中添加并复制多层视频片段，然后在多层视频片段中最上层的片段上添加"渐变遮罩"滤镜；此时，在"监视器"窗口中会发现片段中出现一个渐变的黑色遮罩区域，并出现两个白色的调节点，拖曳调节点可以调整遮罩的颜色区域，如图4-32所示。

图 4-32

在"检查器"窗口中可以设置视频滤镜的效果参数值，依次在其他层的视频片段上添加"渐变遮罩"滤镜并调整遮罩区域。最后，框选上方两层的视频片段，为其添加统一的"高斯曲线"滤镜，即可完成移轴镜头的制作。

技巧与提示

在制作遮罩效果时，为了方便观察遮罩效果，可以框选其他没有添加遮罩滤镜的片段，然后按快捷键"V"，将选择的片段进行暂时隐藏。当要显示隐藏的片段时，可以再按快捷键"V"恢复显示片段。

4.3.2 利用滤镜制作聚焦镜头

使用Final Cut Pro X中的"聚焦"滤镜，可以为画面营造出模糊镜头的运动效果，在增加虚拟聚焦的效果后，可以有效地提升画面的质感。

选择视频片段后，在"效果浏览器"面板中选择"聚焦"滤镜，如图4-33所示，将其添加到视频片段上。再次选择该视频片段，移动时间线的位置，然后在"检查器"窗口的"效果"选项区中调整参数值，并添加多组关键帧，如图4-34所示，完成聚焦镜头的制作。

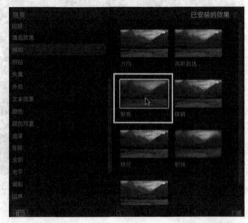

图 4-33

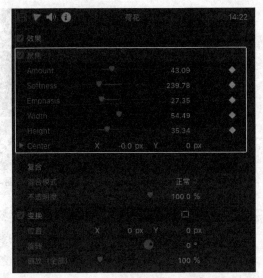

图 4-34

技巧与提示

在制作聚焦镜头效果后，如果发现画面的锐度不够，可以在"效果浏览器"面板中选择"锐化"滤镜，将其添加到素材片段中以得到更清晰的画面效果。

在应用了"聚焦"滤镜后，"监视器"窗口中将出现一个白点，与此同时，画面会围绕白点产生虚拟的聚焦效果，如图4-35所示。

图 4-35

4.3.3 课堂案例——为视频添加特殊效果

实例效果：效果＞资源库＞第4章＞4.3.3

素材位置：素材＞第4章＞4.3.3＞可爱兔子.mp4

在线视频：第4章＞4.3.3 课堂案例——为视频添加特殊效果

实用指数：☆☆☆☆☆

技术掌握：添加视频滤镜和关键帧

通过为视频片段添加"晕影遮罩"滤镜，再为

视频滤镜添加关键帧，可以制作出遮罩效果，使视频效果更加丰富。

01 在"事件资源库"窗口的空白处单击鼠标右键，打开快捷菜单，选择"新建事件"命令，打开"新建事件"对话框，设置"事件名称"为"4.3.3"，其他参数保持默认设置，单击"好"按钮，新建一个事件。

02 在"浏览器"窗口的空白处单击鼠标右键，打开快捷菜单，选择"导入媒体"命令，打开"媒体导入"对话框，在对应的文件夹下选择"可爱兔子.mp4"视频文件，单击"导入所选项"按钮，导入素材对象，如图4-36所示。

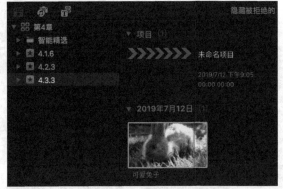

图 4-36

03 在"浏览器"窗口中选择所有的媒体素材，添加至"磁性时间线"窗口的视频轨道上，如图4-37所示。

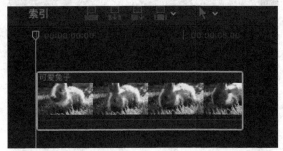

图 4-37

04 在"效果浏览器"面板的左侧列表中选择"遮罩"选项，然后在右侧列表中选择"晕影遮罩"滤镜，如图4-38所示。

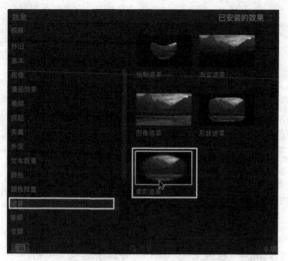

图 4-38

05 将选择的"晕影遮罩"滤镜拖曳至视频轨道中的视频片段上，如图 4-39所示，释放鼠标左键，完成滤镜的添加。

图 4-39

06 在"监视器"窗口中查看添加滤镜后的画面效果，如图 4-40所示。

图 4-40

07 将时间线移至00:00:00:00位置处，在"检查器"窗口的"晕影遮罩"选项区中设置相应的参数值，并单击"添加关键帧"按钮，添加一组关键帧，如图 4-41所示。

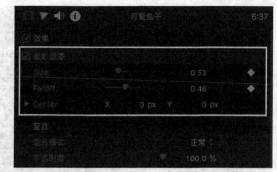

图 4-41

08 将时间线移至00:00:02:15位置处，在"检查器"窗口的"晕影遮罩"选项区中设置相应的参数值，并单击"添加关键帧"按钮，添加一组关键帧，如图 4-42所示。

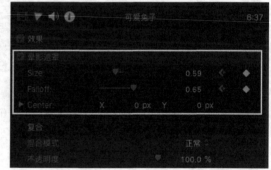

图 4-42

09 将时间线移至00:00:06:01位置处，在"检查器"窗口的"晕影遮罩"选项区中设置相应的参数值，并单击"添加关键帧"按钮，添加一组关键帧，如图 4-43所示。

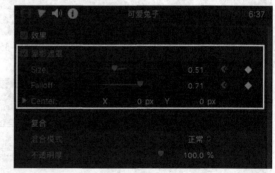

图 4-43

10 完成"晕影遮罩"滤镜关键帧动画的制作后，在"监视器"窗口中单击"从播放头位置向前播放—空格键"按钮 ▶，预览最终动画效果，如图 4-44 所示。

图 4-44

4.4 视频转场

通过添加转场效果，可以在两个视频片段或者两个音频之间创建平滑过渡的效果，使整个项目在播放过程中能够更加紧凑与流畅。

4.4.1 影片中常用转场认识

Final Cut Pro X 软件中包含100多种转场特效，包括擦除、叠化、对象、复制器/克隆、光源、模糊和移动等，如图 4-45 所示。

图 4-45

在Final Cut Pro X软件中常用的转场效果有交叉叠化、擦除、带状、卷页、翻转、棋盘格、开门、圆形、正方形和星形等。

下面对常用的10种转场效果进行介绍。

1. 交叉叠化

"交叉叠化"转场可以使前一个镜头的画面与后一个镜头的画面相叠加，前一个镜头的画面逐渐隐去的同时，后一个镜头的画面将逐渐显现。图 4-46所示为应用"交叉叠化"转场的画面效果。

图 4-46

2. 擦除

"擦除"转场可以使前一个镜头的画面以线形的形式滑行，再在其下方显现后一个镜头的画面。图 4-47所示为应用"擦除"转场的画面效果。

图 4-47

3. 带状

　　"带状"转场可以用几何形状在前一个镜头的画面中进行移动或缩放，然后逐渐显现出后一个镜头的画面。图4-48所示为应用"带状"转场的画面效果。

图 4-48

4. 卷页

　　"卷页"转场可以使前一个镜头的画面以卷页的形式滑行，然后在其下方显现后一个镜头的画面。图4-49所示为应用"卷页"转场的画面效果。

图 4-49

5. 翻转

　　"翻转"转场可以使画面以屏幕中线为轴进行运动，前一镜头逐渐翻转消失，后一个镜头转到正面开始播放。该转场常用于对比性较强的两个画面。图 4-50所示为应用"翻转"转场的画面效果。

图 4-50

6. 棋盘格

"棋盘格"转场可以使前一个镜头的画面分割成多个大小相等的方格后，再逐渐显现出后一个镜头画面。图 4-51 所示为应用"棋盘格"转场的画面效果。

图 4-51

7. 开门

"开门"转场可以使前一个镜头的画面以两扇门打开的形式消失，然后逐渐出现后一个镜头的画面。图 4-52 所示为应用"开门"转场的画面效果。

图 4-52

8. 圆形

"圆形"转场可以使后一个镜头以圆形放大的形式出现，并逐渐使前一个镜头的画面消失。图 4-53 所示为应用"圆形"转场的画面效果。

图 4-53

9. 正方形

"正方形"转场可以使前一个镜头的画面以多个小正方形逐渐放大的形式出现，组合成一个整体正方形后消失，并逐渐显现出后一个镜头的画面。图 4-54 所示为应用"正方形"转场的画面效果。

图 4-54

10. 星形

"星形"转场可以使后一个镜头以星形放大的形式出现，并逐渐使前一个镜头的画面消失。图4-55所示为应用"星形"转场的画面效果。

图 4-55

技巧与提示

"圆形"、"正方形"和"星形"转场除了形状不同外，本质上没有什么区别。这些形状转场都是以圆形、正方形等平面图形为蓝本，通过逐渐放大或缩小的运动方式来达到镜头切换的目的。

4.4.2 在故事情节上添加视频转场

在时间线的故事情节上添加转场效果有多种方式，下面将逐一进行讲解。

1. 双击鼠标添加

在时间线上选择需要添加转场的编辑点，选择之后该编辑点会出现黄色的方括号，如图 4-56所示。然后在"转场浏览器"窗口中选择需要添加的转场效果，双击鼠标左键，该转场效果将自动添加到所选择的编辑点位置。成功添加转场效果后，片

段之间会出现灰色的转场区域，如图 4-57所示，按空格键可以对添加的转场效果进行预览。

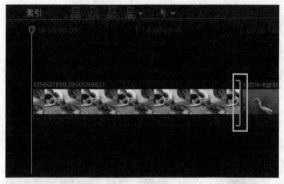

图 4-56

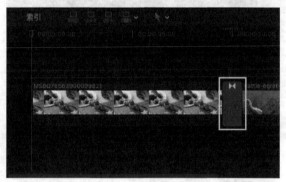

图 4-57

2. 鼠标拖曳添加

在"转场浏览器"窗口中选择需要添加的转场效果，将其拖曳至两个视频片段中间的编辑点位置，此时指针下方会出现一个绿色的圆形"+"标志 ●，当该编辑点上出现灰色的转场图标后释放鼠标左键，如图 4-58所示，即可完成转场效果的添加。

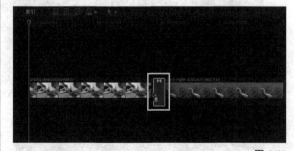

图 4-58

3. 同一片段首尾添加

在时间线中选择一个视频片段，被选中的片

段外侧会出现一个黄色的外框，然后在"转场浏览器"窗口中选择需要添加的转场效果，双击鼠标左键，即可同时在所选片段的开头和结尾添加转场，如图4-59所示。

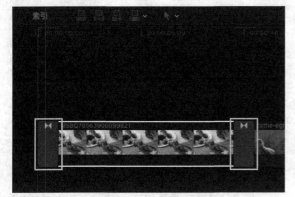

图 4-59

4. 连接片段转场的添加

在"转场浏览器"窗口中选择需要添加的转场效果，将其添加至时间线中的连接片段上，释放鼠标左键，所选的连接片段的两侧会同时在前后片段之间创建两个转场，并且会以该片段为中心，前后两个转场自动创建一个故事情节，如图4-60所示。

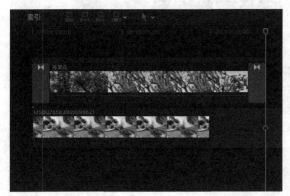

图 4-60

4.4.3 修改转场时间

在添加转场效果后，其默认的时间长度为1秒。如果需要查看转场效果的时间长度，可以在选择转场效果后，在时间线上方的项目名称位置，或是"检查器"窗口的右上角进行查看，如图4-61所示。

图 4-61

如果需要对转场的时间长度进行修改，可以采用以下几种方法。

1. 修改单个转场时间

在时间线中选择转场区域后，单击鼠标右键，打开快捷菜单，选择"更改时间长度"命令，如图4-62所示。或按快捷键"Control+D"，则"监视器"窗口下方的时间码会被激活为蓝色，此时输入数值即可修改转场时间，如图4-63所示。

图 4-62

图 4-63

除此之外，用户还可以通过按住鼠标左键进行拖曳的方式修改转场的时间长度。选择转场效果，将指针悬停在转场区域的边缘，当指针变成修剪状态 时，按住鼠标左键进行拖曳，即可调整时间长度，如图4-64所示。

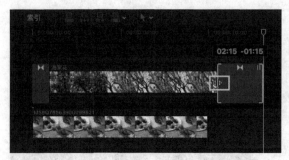

图 4-64

2. 修改默认转场时间

在修改转场时间时，可以通过"偏好设置"功能设置默认的转场时间。在设置好默认转场时间的前提下，添加转场效果后，转场效果的时间会自动变为默认的时间。修改默认转场时间的具体方法是：在菜单栏中单击"Final Cut Pro"｜"偏好设置"命令，如图 4-65所示；打开"编辑"对话框，在"转场时间长度"右侧的数值框中输入时间数值即可，如图 4-66所示。

图 4-65

图 4-66

4.4.4 设置默认转场

在Final Cut Pro X软件中，可以将某个转场设置为默认转场。设置默认转场的具体方法是：在"转场浏览器"窗口中选择需要的转场，单击鼠标右

键，在弹出的快捷菜单中选择"设为默认"命令，如图 4-67所示，即可完成默认转场的设置；当需要添加默认转场效果时，可以直接在菜单栏中单击"编辑"命令，在展开的子菜单中选择所添加的转场命令即可，如图 4-68所示。

图 4-67

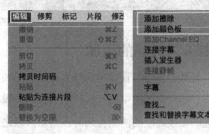

图 4-68

技巧与提示

在子菜单中查看了默认转场的快捷键后，也可以直接按快捷键"Command+T"添加默认转场效果。

4.4.5 移动、复制、替换与删除转场

当某一视频片段添加了转场效果后，如果想将转场快速应用到其他视频片段中，可以使用"移动"、"复制"和"替换"命令来实现这一操作。如果要删除多余的转场效果，则可以使用"删除"命令来实现这一操作。

1. 移动转场

选择已经调整好的转场效果，将其拖曳至另外视频片段的左侧或右侧编辑点上，如图 4-69所示，释放鼠标左键，则转场会从原来的编辑点移动到新的编辑点上。

2. 复制转场

按住"Option"键，将已经调整好的转场效果拖

曳到另一个视频片段的左侧或右侧编辑点上，则可以在新的编辑点上复制该转场效果，如图4-70所示。

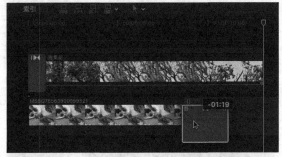

图4-69

图4-70

3. 替换转场

在"转场浏览器"窗口中选择合适的转场效果，将其拖曳至时间线上已经添加的转场效果上，如图 4-71所示，释放鼠标左键，即可替换转场效果。

图4-71

4. 删除转场

在时间线中选择需要删除的转场效果，按"Delete"键即可删除。

4.4.6 用精确度编辑器调整转场

在修改转场效果时，如果需要对转场效果进

行精确调整，可以显示精确度编辑器，然后通过精确度编辑器进行调整。显示精确度编辑器的方法有以下几种。

- 鼠标左键双击已经添加的转场效果。
- 在时间线上选择转场效果，单击鼠标右键，打开快捷菜单，选择"显示精确度编辑器"命令，如图4-72所示。
- 选择转场，然后在菜单栏中单击"显示"|"显示精确度编辑器"命令，如图4-73所示。
- 按快捷键"Control+E"。

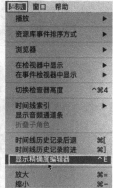

图4-72　　　　　　　图4-73

执行以上任意一种方法，均可以打开精确度编辑器。在打开的精确度编辑器中，转场前后的两个片段被拆分，上下两部分分别表示在时间线上相邻的两个片段。将指针悬停在转场的中间，当指针变成卷动编辑状态 后，按住鼠标左键进行左右拖曳，可以改变转场在两个片段之间的位置，如图4-74所示。如果要改变转场的时间长度，则可以将指针悬停在灰色矩形滑块的边缘进行拖移调整，如图4-75所示。

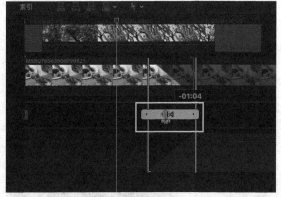

图4-74

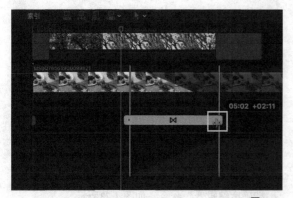

图 4-75

4.4.7 课堂案例——在连接片段上添加视频转场

实例效果：效果＞资源库＞第4章＞4.4.7
素材位置：素材＞第4章＞4.4.7＞枫叶红了.mp4、枫叶红了1.mp4
在线视频：第4章＞4.4.7 课堂案例——在连接片段上添加视频转场
实用指数：☆☆☆☆
技术掌握：在连接片段上添加视频转场

"转场"功能可以为视频片段添加转场效果，并使各个片段之间实现过渡平滑，从而使视频片段的播放更加流畅。

01 在"事件资源库"窗口的空白处单击鼠标右键，打开快捷菜单，选择"新建事件"命令，打开"新建事件"对话框，设置"事件名称"为"4.4.7"，其他参数保持默认设置，单击"好"按钮，新建一个事件。

02 在"浏览器"窗口的空白处单击鼠标右键，打开快捷菜单，选择"导入媒体"命令，打开"媒体导入"对话框，在对应的文件夹下选择"枫叶红了.mp4"和"枫叶红了1.mp4"视频文件，单击"导入所选项"按钮，导入素材对象，如图4-76所示。

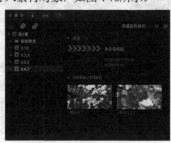

图 4-76

03 在"浏览器"窗口中选择"枫叶红了.mp4"媒体素材，在"磁性时间线"窗口中单击"将所选片段连接到主要故事情节"按钮 ，即可将所选片段连接到主要故事情节中，如图4-77所示。

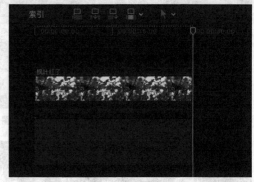

图 4-77

04 在"转场浏览器"窗口中选择"交叉叠化"转场效果，如图4-78所示。

图 4-78

05 将选择的"交叉叠化"转场效果拖曳至"磁性时间线"窗口的连接片段上，释放鼠标左键，即可在连接片段上添加转场效果，如图4-79所示。

图 4-79

06 在"浏览器"窗口中选择"枫叶红了1.mp4"媒体素材，将其添加至"磁性时间线"窗口的主要故事情节上，如图4-80所示。

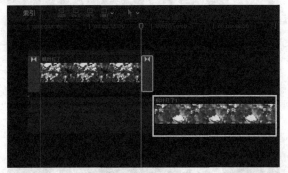

图 4-80

07 在"转场浏览器"窗口中选择"擦除"转场效果，将其添加至主要故事情节右侧的编辑点上，如图4-81所示。

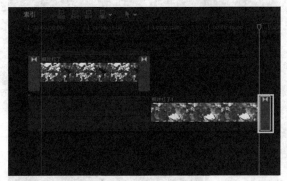

图 4-81

08 选择"擦除"转场，在"检查器"窗口中显示"边缘处理"参数，然后调整"角度"参数为"249.1°"，调整"边框"参数为"100.0°"，如图4-82所示。

图 4-82

09 选择连接片段右侧的"交叉叠化"转场，在"检查器"窗口中展开"外观"选项列表，选择"相减"选项，如图4-83所示。

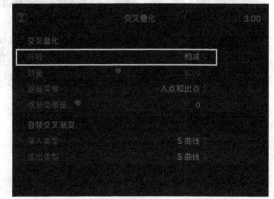

图 4-83

10 完成所有转场效果的制作后，在"监视器"窗口中单击"从播放头位置向前播放—空格键"按钮▶，预览最终的动画效果，如图4-84所示。

图 4-84

4.5 本章小结

在学习了视频滤镜、音频滤镜、转场效果的添加与编辑后，可以让视频片段的画面更加精美，也能让视频片段、音频片段之间的过渡更加流畅。本章的学习重点是Final Cut Pro X软件中各种滤镜与转场的添加方法，只有熟练掌握了这部分的知识点，才能在日后的视频、音频编辑工作中达到优化编辑的目的。

4.6 课后习题

4.6.1 课后习题——为视频添加风格化视频效果

实例效果：效果＞资源库＞第4章＞课后习题1

素材位置：素材＞第4章＞课后习题＞玫瑰花落.mp4

在线视频：第4章＞4.6.1 课后习题——为视频添加风格化视频效果

实用指数：☆☆☆

技术掌握：为视频添加风格化视频效果

本习题主要练习在Final Cut Pro X软件中如何运用"滤镜"功能在视频片段上添加滤镜效果，如图4-85所示。

图 4-85

分解步骤如图4-86所示。

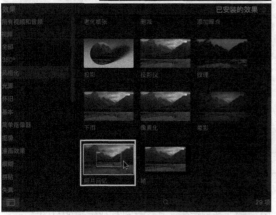

图 4-86

4.6.2 课后习题——在视频中添加转场效果

实例效果：效果＞资源库＞第4章＞课后习题2

素材位置：素材＞第4章＞课后习题＞绿叶与花朵.mp4

在线视频：第4章＞4.6.2 课后习题——在视频中添加转场效果

实用指数：☆☆☆☆

技术掌握：在视频中添加转场效果

本习题主要练习在Final Cut Pro X软件中如何运用"转场"功能在视频片段上添加转场效果，如图4-87所示。

图 4-87

分解步骤如图4-88所示。

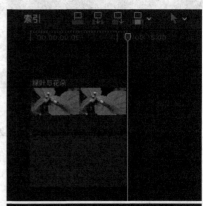

图 4-88

第**5**章

抠像与合成

—————— 内容摘要 ——————

　　Final Cut Pro X软件可以直接在项目中创建复杂的多层动画合成画面，再通过合成功能将多个视频有效地结合到一起，合成一个新的片段。本章将为各位读者详细介绍视频剪辑中抠像与合成的具体方法。

课堂学习目标

- 抠像技术的应用
- 视频的合成
- 混合模式及发生器的使用

5.1 抠像技术概述

在Final Cut Pro X中，通过抠像技术可以将视频输出单帧图像，然后进行逐帧图像的抠取。图像的抠取操作可以通过色彩、亮度和遮罩等命令来完成，本节将为各位读者进行详细讲解。

5.1.1 色度抠像

色度抠像的前提是需要拍摄一个质量高、光线好，并且便于移除颜色的纯色背景视频。通过色度抠像，可以将画面中具有相同色彩的区域抠除。

在Final Cut Pro X软件的"发生器"窗口中提供了各种专用色度抠像背景选项，从包括高反射加色的色度抠像油漆，到色度抠像衣服或纸张，如图5-1所示。

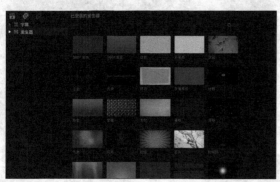

图 5-1

> **技巧与提示**
>
> 在拍摄色度抠像视频时尽量使用性能比较好的摄像机，同时要避免使用高压缩视频格式，如DV或MPEG-2。

1. 应用色度抠像

首先在时间线中将前景片段（包含要移除的颜色的色度抠像片段）添加到主要故事情节中，然后拖曳背景片段（包含色度抠像片段叠加在其上的片段），以便将其连接在主要故事情节中前景片段的下方，如图5-2所示。最后在"效果浏览器"面板的左侧列表中选择"抠像"选项，在右侧列表中选择"抠像器"效果，如图5-3所示，将其添加至前景片段上，即可完成色度抠像的应用。

图 5-2

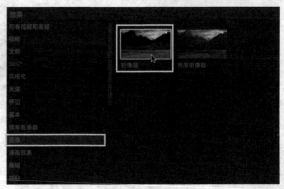

图 5-3

> **技巧与提示**
>
> 在应用"抠像器"效果后，该效果将分析视频，检测主色是绿色或蓝色，然后移除该颜色（此通用色度抠像效果已针对蓝屏或绿屏抠像优化，但也可对选取的任何颜色范围进行抠像）。如果对生成的抠像效果不满意，或需要改进抠像效果，则可以在"视频检查器"窗口中调整色度抠像效果。

2. 调整色度抠像

在时间线中选择含"抠像器"效果的前景片段，然后在"检查器"窗口中单击"显示视频检查器"按钮■，打开"视频检查器"窗口，如图5-4所示，在该窗口中有各种用于修改和优化"抠像器"效果的控制选项。

图 5-4

在"抠像器"效果下，各主要选项的含义如下。

- "精炼抠像"选项区：在该选项区中单击"样本颜色"缩略图图像，可以在"监视器"窗口中将需要移除色度抠像颜色的区域绘制上矩形；单击"边缘"缩略图图像，可以跨"监视器"窗口中的困难区域绘制线条（一端位于要保留的区域中，另一端位于要移除的区域中），然后移动线条控制柄以调整边缘柔和度。
- "强度"滑块：用于调整"抠像器"效果的自动采样的容差（核心透明度），默认值是100%。当减少"强度"值时，会缩小采样颜色的范围，从而导致抠像图像的透明度降低；当增加"强度"值时，会扩大采样颜色的范围，从而导致抠像图像的透明度增加。该参数可用于取回半透明细节区域，如头发、烟雾和反光。
- "显示"选项区：用于微调抠像，包含"原始状态"、"复合"和"遮罩"3个选项。单击"原始状态"按钮，可以显示未抠像的原始前景图像；单击"遮罩"按钮，可以显示抠像操作生成的灰度遮罩或Alpha通道，其中白色区域为实色（前景视频不透明）、黑色区域透明（前景完全看不见）、灰色阴影表示不同的透明度级别（可以发现背景视频与前景视频混合）；单击"复合"按钮，可以显示最终的复合图像，其中抠像前景素材位于背景片段上。
- "填充孔"滑块：用于调整将实色添加到抠像内边缘透明度的区域。
- "边缘距离"滑块：用于调整遮罩的填充区域边缘。减少此参数值将牺牲边缘的半透明度，可以让遮罩的填充区域更接近素材的边缘；增加此参数值会将遮罩的填充区域推离边缘。
- "溢出量"滑块：用于抑制前景图像上出现（溢出）的任何背景颜色。
- "反转"复选框：勾选该复选框，可以反转抠像操作，从而保留背景颜色和移除前景图像。
- "混合"滑块：用于将抠像效果与未抠像效果进行混合。
- "图形"选项区：该选项区提供了两个用于设定如何将"色度"和"亮度"控制中的可调整图形用于微调抠像的选项。单击"搓擦方框"按钮，可将"色度"和"亮度"控制调整为要创建的遮罩中的柔和度（边缘透明度）；单击"手动"按钮，可将"色度"和"亮度"控制调整为要创建的遮罩中的柔和度（边缘透明度）和容差（核心透明度）。

> **技巧与提示**
>
> 处于"手动"模式时，最好不要切换回"搓擦方框"模式。为了实现最佳效果，可以使用"搓擦方框"模式中的"样本颜色"和"边缘"工具抠像图像。当需要使用"色度"和"亮度"控制精炼遮罩时，可以切换到"手动"模式，若此时切换回"搓擦方框"模式，可能会遇到难以控制的附加采样和设置为关键帧的值的意外组合。

- "色度"选项区：在该选项区中移动颜色轮中的两个图形，以调整有助于定义抠像遮罩的色相和饱和度的分离范围。
- "亮度"选项区：在该选项区中调整控制柄，可以修改亮度通道的分离范围。
- "色度滚降"滑块：用于调整色度滚降斜线（显示在"色度"控制左侧的小图形中）的线性，色度滚降将修改最受"色度"控制影响的区域边缘周围的遮罩柔和度。减少此参数值会使图形斜线更具线性，从而柔化遮罩边缘；增加此参数值会使图形斜线较陡峭，从而锐化遮罩边缘。
- "亮度滚降"滑块：用于调整亮度滚降斜线（显示在"亮度"控制中的贝尔形状亮度曲线的两端）的线性，亮度滚降将修改最受"亮度"控制影响的区域边缘周围的遮罩柔和度。减少此值会使"亮度"控制中的顶部和底部控制柄之间的斜线更具线性，从而增加遮罩的边缘柔和度；增加此值会使斜线较陡峭，从而锐化遮罩边缘，使其更突出。
- "修正视频"复选框：勾选该复选框可将子像素平滑应用于图像的色度分量，从而减少使用

4：2：0、4：1：1或4：2：2色度二次采样对压缩媒体进行抠像时导致的锯齿边缘。尽管默认情况下"修正视频"复选框处于选择状态，但如果子像素平滑将降低抠像的质量，就可取消勾选该复选框。

- "色阶"选项区：该选项区使用灰度渐变可修改抠像遮罩的对比度，其方法是拖移黑点、白点和偏移（灰色值在黑点和白点之间的分布）的3个控制柄。调整遮罩对比度有助于处理抠像的半透明区域，使其更具实色（通过减少白点）或更具半透明性（通过增加黑点）。向右拖移"偏差"控制柄将侵蚀抠像的半透明区域，而向左拖移"偏差"控制柄将使抠像的半透明区域更具实色。

- "收缩/展开"滑块：用于处理遮罩的对比度，以同时影响遮罩半透明度和遮罩大小。向左拖移滑块可使半透明区域更具半透明性，同时收缩遮罩；向右拖移滑块可使半透明区域更具实色，同时扩展遮罩。

- "柔化"滑块：用于模糊抠像遮罩，从而按统一量羽化边缘。

- "侵蚀"滑块：向右拖移此滑块可以使抠像实色部分边缘向内逐渐增加透明度。

- "溢出对比度"选项区：通过拖移"黑点"和"白点"控制柄，调整要抑制的颜色的对比度，修改溢出对比度可减少前景片段周围的灰色镶边。其中，"黑点"控制柄（位于渐变控制左侧）将使太暗的边缘镶边变亮；"白点"控制柄（位于渐变控制右侧）将使太亮的边缘镶边变暗。根据"溢出量"滑块所抵消的溢出量，这些控制可能会对主体造成较大或较小的影响。

- "色调"滑块：可恢复抠像前景片段的自然颜色。

- "饱和度"滑块：用于修改"色调"滑块引入的色相范围。

- "数量"滑块：用于控制总体光融合效果，从而设定光融合延伸到前景的距离。

- "强度"滑块：用于调整灰度系数大小，使融合边缘值与抠像前景片段交互变亮或变暗。

- "不透明度"滑块：用于使光融合效果淡入或淡出。

- "模式"列表框：在该列表框中可以选取将采样背景值与抠像素材边缘混合的复合方式。选择"正常"模式，可以将背景片段中的亮值域和暗值域抠像前景片段边缘混合；选择"增量"模式，可以比较前景片段和背景片段中的重叠像素，然后保留两者中的较亮者，一般适用于创建选择性光融合效果；选择"屏幕"模式，可以将背景片段中较亮部分叠加在抠像前景片段的融合区域，一般适用于创建主动式光融合效果；选择"叠层"模式，可以将背景片段与抠像前景片段的融合区域组合，以便使重叠暗部变暗、亮部变亮，且颜色增强；选择"强光"模式，该模式类似于叠层复合模式，只是颜色会变得柔和。

在调整"抠像器"参数后，可以完成色度抠像调整。抠像前后对比效果如图5-5所示。

图 5-5

5.1.2 亮度抠像

亮度抠像提供了根据视频中的亮度在背景片段上复合前景片段的方法。这对静止图像最有用，如黑色背景上的标志图片或计算机生成的图像。

应用亮度抠像的方法与色度抠像的方法相似，唯一的区别在于参数的调整。在时间线中添加前景片段和背景片段后，在"效果浏览器"面板中选择"亮度抠像器，将其添加至前景片段上，然后调整"亮度抠像器"的参数值，完成亮度抠像操作。图5-6所示为进行亮度抠像后的前后对比效果。

图 5-6

在时间线中选择含"亮度抠像器"滤镜的前景片段，然后打开"视频检查器"窗口，如图 5-7 所示，在该窗口中显示了用于改善"亮度抠像器"滤镜的控制选项。

图 5-7

在"亮度抠像器"效果下，各主要选项的含义如下。

- "亮度"选项区：用于调整白色和黑色片段值，在该选项区中拖移白色和黑色控制柄会更改参数值，从而产生不透明或全透明的前景片段。默认情况下，该选项区的控制柄设定为提供抠像，其中亮度电平将以线性方式控制前景的透明度，即100%白色为不透明，0%黑色为全透明，而25%灰色将保留25%的前景片段。

- "反转"复选框：勾选该复选框，可以反转抠像和移除前景片段的白色区域。

- "亮度滚降"滑块：用于调整边缘的柔和度。数值越高，边缘就越硬。

- "显示"选项区：用于微调抠像，包含"复合"、"遮罩"和"原始状态"3个选项。

- "遮罩工具"选项区：该选项区用于精炼以前参数集生成的透明度遮罩。

- "光融合"选项区：该选项区用于将复合背景层中的颜色和亮度值与抠像前景层混合。

- "保持RGB"复选框：勾选复选框，可以将图像中的平滑锯齿文本或图形保持视觉上原封不动（可改善边缘）。

- "混合"滑块：调整抠像效果与未抠像效果的混合程度。

5.1.3 课堂案例——添加抠像效果

实例效果: 效果>资源库>第5章>5.1.3

素材位置: 素材>第5章>5.1.3>苹果.jpg、背景.jpg

在线视频>第5章>5.1.3 课堂案例——添加抠像效果

实用指数: ☆☆☆☆☆

技术掌握: 抠像效果的应用

在编辑视频的过程中，使用"抠像器"滤镜可以直接将纯色背景删除，抠取出特定的图像。

01 新建一个资源库，将其命名为"第5章"。在"事件资源库"窗口的空白处单击鼠标右键，打开快捷菜单，选择"新建事件"命令，打开"新建事件"对话框，设置"事件名称"为"5.1.3"，其他参数保持默认设置，单击"好"按钮，新建一个事件。

02 在"浏览器"窗口的空白处单击鼠标右键，打开快捷菜单，选择"导入媒体"命令，打开"媒体导入"对话框，在对应的文件夹下选择"苹果.jpg"和"背景.jpg"图像文件，单击"导入所选项"按钮，导入所选的图像素材，如图5-8所示。

03 在"浏览器"窗口中选择"背景.jpg"图像素材，将其添加至"磁性时间线"窗口的视频轨道上，选择"苹果.jpq"图像素材，将其添加至"背景"片段上，如图5-9所示。

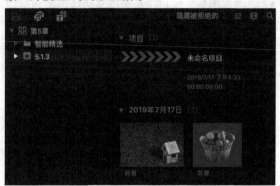

图 5-8

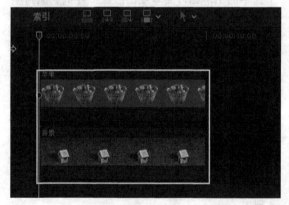

图 5-9

04 在"效果浏览器"面板左侧的列表中选择"抠像"选项，然后在右侧的列表中选择"抠像器"滤镜，如图5-10所示。

05 将选择的"抠像器"滤镜添加到"苹果"片段中，此时将自动抠取图像，效果如图5-11所示。

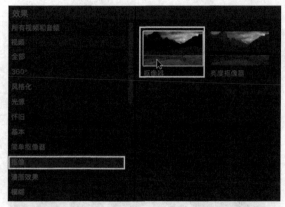

图 5-10

图 5-11

06 在"监视器"窗口中选择"苹果"片段的图像，单击鼠标右键，打开快捷菜单，选择"变换"命令，如图5-12所示。

07 在"监视器"窗口中将显示变换控制框，按住鼠标左键进行拖曳，即可移动图像的位置。然后在"监视器"窗口中单击"完成"按钮，完成图像的移动，得到最终的图像效果，如图5-13所示。

图 5-12

图 5-13

图 5-15

5.2 视频的合成

本节将为各位读者介绍Final Cut Pro X中关于视频合成的相关知识，包括简单合成、关键帧动画的合成等内容。

5.2.1 简单合成

合成就是将几种画面或元素有序地进行结合。在Final Cut Pro X软件中，图像与视频的合成就是将多层视频片段进行放大或缩小，然后使其合成为一个整体画面。

简单合成的操作很简单，用户只需要先添加背景素材片段，然后在背景素材片段的上方依次添加多层前景素材片段，如图 5-14所示。然后选择前景素材片段，在"监视器"窗口中选择"变换"命令，当出现变换控制框后，调整控制点以修改前景素材片段的大小和位置，最终完成图像的合成操作，如图 5-15所示。

图 5-14

5.2.2 关键帧动画的合成

在进行视频合成操作时，可以在位于"检查器"窗口中的"变换"选项区下添加并制作"位置"、"旋转"、"缩放"和"锚点"参数的关键帧，以此来制作合成视频的动画效果。

在时间线中添加多层素材片段，并调整各层片段的位置，选择顶层的素材片段，单击鼠标右键打开快捷菜单，选择"变换"命令，然后在"监视器"窗口的左上角单击"添加关键帧"按钮，此时"检查器"窗口中的"变换"选项区下，"位置"、"旋转"、"缩放"和"锚点"4个选项后的关键帧会全部亮起，如图 5-16所示。保持选择片段处于"变换"状态不变，按键盘上的向右方向键，逐渐向右移动，并随之调整图像的大小和位置，Final Cut Pro X将自动创建新的关于该片段位置信息的关键帧，如图 5-17所示。

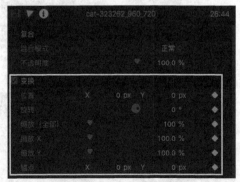

图 5-16

在自动添加关键帧后，片段中的"位置"、"旋转"、"缩放"和"锚点"参数也将会根据不同帧的位置发生变化。在完成关键帧动画的添加后，在"监视器"窗口中单击"从播放头位置向前播放—空格键"按钮 ▶，可以播放合成后的视频，效果如图5-18所示。

图 5-17

图 5-18

5.2.3 课堂案例——合成动画视频

实用效果：效果＞资源库＞第5章＞5.2.3

素材位置：素材＞第5章＞5.2.3＞背景.jpg、美食1~美食3.jpg

在线视频：第5章＞5.2.3 课堂案例——合成动画视频

实用指数：☆☆☆☆☆

技术掌握：合成动画视频的方法

使用多层素材片段，并调整素材片段的大小和

位置，可以制作出合成动画视频效果。

01 在"事件资源库"窗口的空白处单击鼠标右键，打开快捷菜单，选择"新建事件"命令，打开"新建事件"对话框，设置"事件名称"为"5.2.3"，其他参数保持默认设置，单击"好"按钮，新建一个事件。

02 在"浏览器"窗口的空白处单击鼠标右键，打开快捷菜单，选择"导入媒体"命令，打开"媒体导入"对话框，在对应的文件夹下选择所有的图像文件，单击"导入所选项"按钮，导入图像素材，如图5-19所示。

图 5-19

03 打开已有的项目文件，选择"浏览器"窗口中的"背景.jpg"图像文件，将其添加至"磁性时间线"窗口的视频轨道上，并调整其片段的时间长度，如图5-20所示。

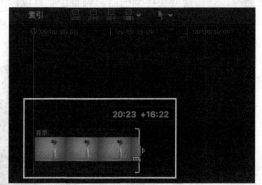

图 5-20

04 选择"背景"图像片段，在"检查器"窗口的

“变换”选项区中，拖移“缩放（全部）”选项右侧的滑块，调整其参数值为“131%”，如图5-21所示。

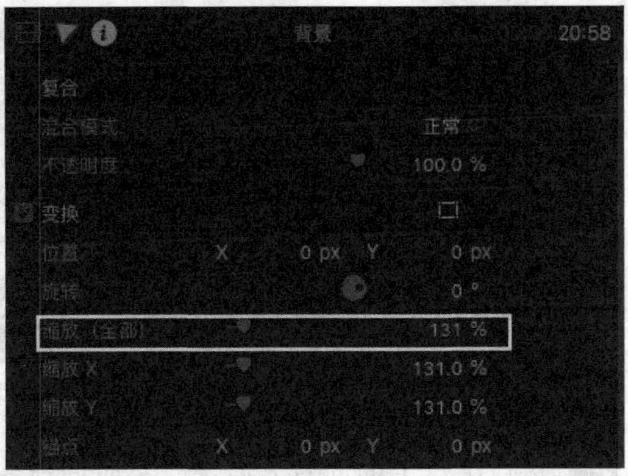

图 5-21

05 上述操作完成后，即可调整图像片段的显示大小，效果如图5-22所示。

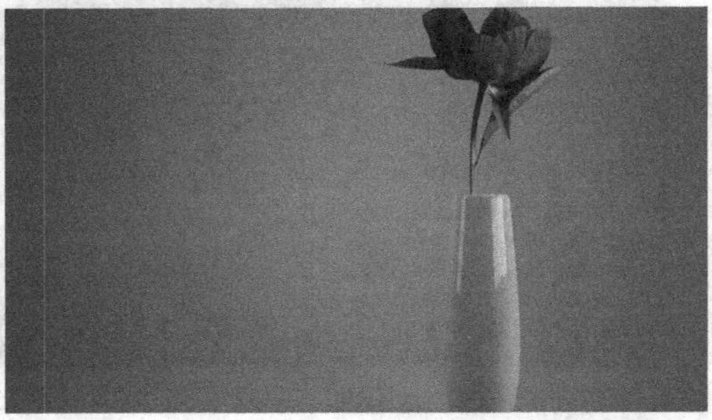

图 5-22

06 选择“浏览器”窗口中的“美食1.jpg”图像文件，将其添加至“背景”图像片段的上方视频轨道中，并调整其片段的时间长度，如图5-23所示。

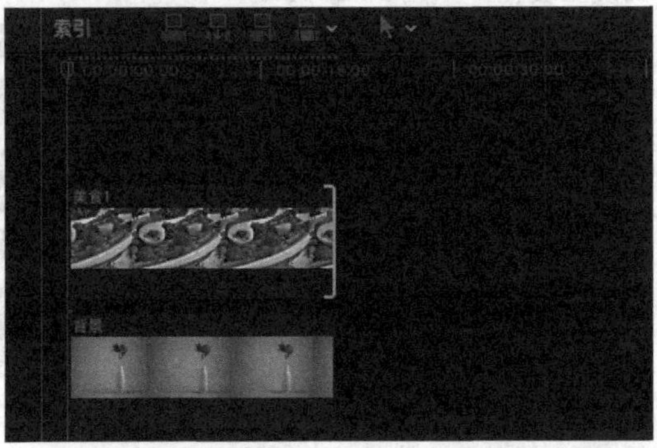

图 5-23

07 在“效果浏览器”面板的左侧列表中选择“风格化”选项，然后在右侧列表中选择“简单边框”滤镜，如图5-24所示。

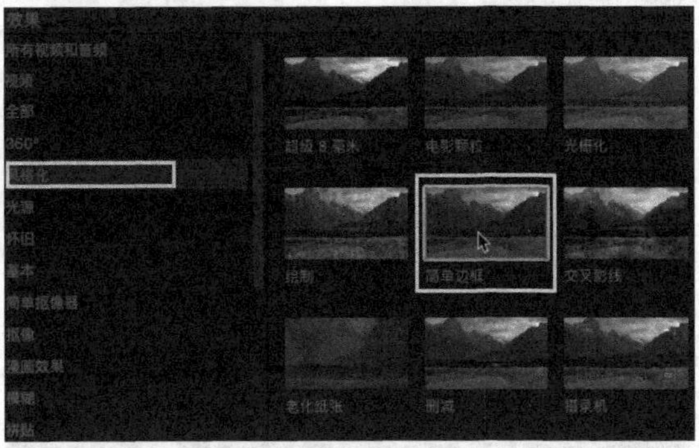

图 5-24

08 将选择的“简单边框”滤镜拖曳至“美食1”图像片段上，释放鼠标左键，即可为选择的图片添加边框效果，如图5-25所示。

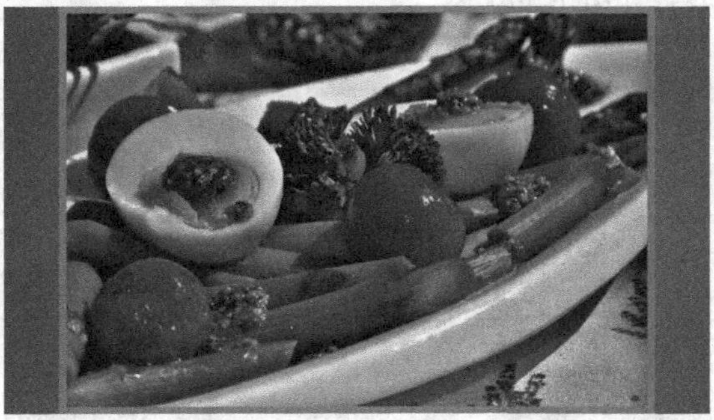

图 5-25

09 选择“美食1”图像片段，在“检查器”窗口的“简单边框”选项区中，单击“Color（颜色）”右侧的三角按钮，展开列表，选择合适的颜色，如图5-26所示。

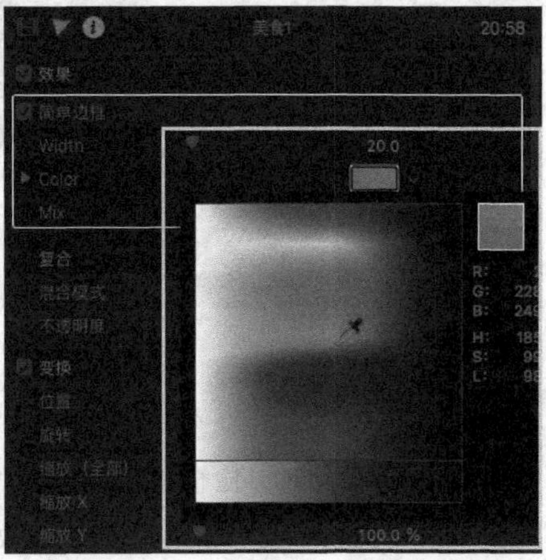

图 5-26

⑩ 设置其边框的粗细数值为"10"，完成边框的添加与调整，如图5-27所示。

图 5-27

⑪ 选择"美食1"图像片段，在"监视器"窗口中单击鼠标右键，打开快捷菜单，选择"变换"命令，如图5-28所示。

图 5-28

⑫ 显示变换控制框，将鼠标指针移至右下角控制点上，当鼠标指针呈双向箭头形状时，按住鼠标左键进行拖曳，调整其大小，如图5-29所示。

图 5-29

⑬ 在"监视器"窗口的左上角单击"添加关键帧"按钮，此时"检查器"窗口中"变换"选项区下的"位置"、"旋转"、"缩放"和"锚点"4个选项后的关键帧全部亮起，将图像移动至

合适的位置，"位置"参数将自动发生变化，如图5-30所示。

图 5-30

⑭ 按住键盘上的向右方向键，将时间线移至00:00:04:22位置处，移动和旋转图像，则"位置"和"旋转"参数将自动发生变化，如图5-31所示。

图 5-31

⑮ 按住键盘上的向右方向键，将时间线移至00:00:08:13位置处，移动、旋转和缩放图像，则"位置"、"旋转"和"缩放（全部）"参数将自动发生变化，如图5-32所示。

图 5-32

⑯ 在"监视器"窗口的右上角单击"完成"按钮即可完成"美食1"图像片段的关键帧合成动画的制作。然后在"监视器"窗口中单击"从播放头位置向前播放—空格键"按钮，播放预览动画

效果，如图 5-33所示。

图 5-33

⑰ 将时间线移至00:00:02:19位置处，选择"浏览器"窗口中的"美食2.jpg"图像文件，将其添加至"美食1"图像片段的上方视频轨道中，并调整片段的时间长度，如图5-34所示。

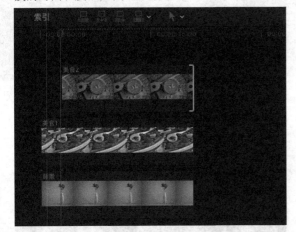

图 5-34

⑱ 在"效果浏览器"面板的左侧列表中选择"风格化"选项，在右侧列表中选择"简单边框"滤镜，将其添加至"美食2"图像片段上，释放鼠标左键，即可为选择的图片添加边框效果。然后在"检查器"窗口中修改边框的颜色和粗细，得到的

效果如图 5-35所示。

图 5-35

⑲ 选择"美食2"图像片段，在"监视器"窗口中单击鼠标右键，打开快捷菜单，选择"变换"命令，显示变换控制框，将鼠标指针移至右下角控制点上，当鼠标指针呈双向箭头形状时，按住鼠标左键进行拖曳，调整其大小，如图5-36所示。

图 5-36

⑳ 在"监视器"窗口的左上角单击"添加关键帧"按钮 ◈，此时"检查器"窗口中"变换"选项区下的"位置""旋转""缩放""锚点"4个选项后的关键帧全部亮起，将图像移动至合适的位置，则"位置"参数将自动发生变化，如图 5-37所示。

图 5-37

㉑ 将时间线向右移至00:00:04:12位置处，将

"位置"修改为"0px"和"101.6px"，"旋转"修改为"13.0°"，移动和旋转图像。

㉒ 将时间线向右移至00:00:09:22位置处，将"位置"修改为"0px"和"−33.3px"、"旋转"修改为"−1.6°"、"缩放（全部）"修改为"45.11%"，移动、旋转和缩放图像。

㉓ 在"监视器"窗口的右上角单击"完成"按钮，即可完成"美食2"图像片段的关键帧合成动画的制作。然后在"监视器"窗口中单击"从播放头位置向前播放—空格键"按钮 ▶，播放预览动画效果，如图5-38所示。

图 5-38

㉔ 将时间线移至00:00:05:05位置处，选择"浏览器"窗口中的"美食3.jpg"图像文件，将其添加至"美食2"图像片段的上方视频轨道中，并调整片段的时间长度，如图5-39所示。

㉕ 在"效果浏览器"面板的左侧列表框中选择"风格化"选项，在右侧列表框中选择"简单边框"滤镜，将其添加至"美食3"图像片段上，释放鼠标左键，即可为选择的图片添加边框效果，并在"检查器"窗口中修改边框的颜色和粗细，得到的效果如图5-40所示。

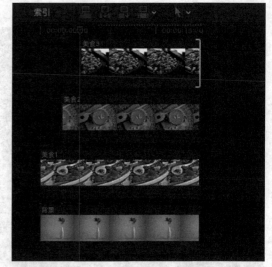

图 5-39

图 5-40

㉖ 选择"美食3"图像片段，在"监视器"窗口单击鼠标右键，打开快捷菜单，选择"变换"命令，显示变换控制框，将鼠标指针移至右下角控制点上，当鼠标指针呈双向箭头形状时，按住鼠标左键进行拖曳，调整其大小，如图5-41所示。

㉗ 在"监视器"窗口的左上角单击"添加关键帧"按钮 ◆，再依次调整图像的位置和角度，添加多组关键帧，如图5-42所示。

图 5-41

图 5-42

㉘ 在"监视器"窗口的右上角单击"完成"按钮，即可完成"美食3"图像片段的关键帧合成动画的制作。然后在"监视器"窗口中单击"从播放头位置向前播放—空格键"按钮 ▶，播放预览动画效果，如图5-43所示。

图 5-43

5.3 混合模式及发生器的使用

本节将为各位读者介绍在Final Cut Pro X软件中混合模式的应用，以及发生器的使用方法等。

5.3.1 使用发生器

Final Cut Pro X软件中的"发生器"窗口中包

括了众多被称为"发生器"的视频片段，方便用户将以下元素添加到项目中。

- 占位符内容：如果项目缺少尚未拍摄或传送的内容，则可以添加占位符片段，占位符发生器可用于将含有合适剪影的片段添加到时间线中，以表示缺少的内容。
- 时间码计数器：可以将生成的时间码片段添加到项目，将时间码计数器叠加在部分或整个项目上。
- 形状片段：可以从用于将图形元素添加到项目中的各种形状中选取。
- 通用背景片段：Final Cut Pro X软件中包括各种可在其上叠加字幕或抠像效果的静止和动画背景。

所有发生器都作为片段添加到项目中，使用的是默认时间长度。更改发生器的时间长度和位置的方法与调整其他视频片段采用的方法相同。在添加发生器片段时，可以通过"发生器"窗口选择片段，如图5-44所示，选择片段后，按住鼠标左键进行拖曳，将其添加至时间线中即可。

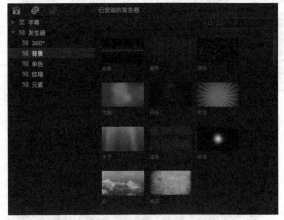

图 5-44

5.3.2 使用混合模式

混合模式的主要功能是可以用不同的方法将对象图层与底层图层的颜色混合。当把一种混合模式应用于某一对象时，可以看到混合模式的效果。

Final Cut Pro X软件中包含多种混合模式。选择时间线中的任意片段，在"检查器"窗口的"视

频"选项区中单击"混合模式"右侧的按钮█，
打开下拉列表，在该列表中包含多种混合模式，如
图5-45所示。

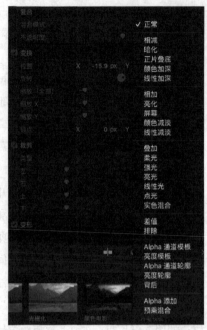

图 5-45

在"混合模式"列表中，各模式的含义如下。

- "相减"：使用该模式，可以使所有重叠颜色
  变暗，前景图像中的白色区域会变为黑色，而
  背景图像中的白色区域则会反转前景图像中的
  重叠颜色值，创建出一种负片效果，如图 5-46
  所示。

图 5-46

- "暗化"：使用该模式，可以突出每个重叠图
  像最暗的部分。两个图像中的白色区域都可让
  重叠图像完全穿透显示，重叠图像较亮的中间
  颜色值会逐渐变为半透明，而未达到此阈值的

较暗的中间颜色值则会保持清晰的状态，以保
留更多细节，如图5-47所示。

图 5-47

- "正片叠底"：使用该模式，和"暗化"模式
  一样，可以突出每个重叠图像最暗的部分，不
  同的是两个图像的中间颜色值会更均匀地混合
  在一起。重叠图像的较亮区域会逐渐变为半
  透明，从而让其中较暗的图像穿透显示，如图
  5-48所示。

图 5-48

- "颜色加深"：使用该模式，可以增强每个图
  像中的暗区，背景图像中的白色区域会替换前
  景图像，而前景图像中的白色区域则变为透
  明，如图5-49所示。

图 5-49

- "线性加深"：使用该模式，重叠图像中较亮的颜色值会逐渐变为半透明，从而让较暗的颜色穿透显示。两个图像中的白色区域都可让重叠图像完全穿透显示，如图5-50所示。

- "相加"：使用该模式，可以突出每个重叠图像的白色区域，并使其他重叠颜色变亮，每个重叠像素的颜色值都会叠加在一起，所有重叠中间颜色值都会变亮。两个图像的黑色区域都会变为透明，而白色区域则会被保留，如图5-51所示。

图 5-50

图 5-51

- "亮化"：使用该模式，可以突出每个重叠图像最亮的部分，每个图像的每个像素都会进行比较，每个图像中最亮的像素会被保留，使最终图像由每个图像中最亮像素的抖动组合而成。两个图像中的白色区域都会在最终图像中穿透显示，如图5-52所示。

- "屏幕"：使用该模式，可以突出每个重叠图像的最亮部分，不同的是每个图像的中间颜色值会更均匀地混合在一起。两个图像中的黑色区域都可让重叠图像完全穿透显示，如图5-53所示。

图 5-52

图 5-53

- "颜色减淡"：使用该模式，可以在前景或背景图像中保留白色区域。背景图像中的黑色区域会替换前景图像，而前景图像中的黑色区域则变为透明；背景图像中的中间颜色值可让前景图像中的中间颜色值穿透显示；背景图像中的较暗颜色值可让前景图像的更多部分穿透显示。所有重叠中间颜色值会混合在一起，生成有趣的颜色混合。反转两个重叠图像会使重叠中间颜色值的混合方式产生细微差异，如图5-54所示。

图 5-54

- "线性减淡"：使用该模式，可以增强重叠区域中较亮的中间颜色值。两个图像中的黑色区域都可让重叠图像完全穿透显示,两个图像中的白色区域都会在最终图像中穿透显示,如图5-55所示。

图 5-55

- "叠加":使用该模式,可以使前景图像的饱和度和对比度得到相应的提高,使图像看起来更加明亮。在保留前景图像明暗变化的基础上,背景图像的颜色被叠加到前景图像上,但保留前景图像的高光和阴影部分,前景图像的颜色没有被取代,而是和背景图像的颜色混合来体现原图的亮部和暗部,如图5-56所示。

图 5-56

- "柔光":使用该模式,可以让前景图像中的白色区域和黑色区域变为半透明,但是半透明的白色区域和黑色区域继续与背景图像的颜色值互动,背景图像中的白色区域和黑色区域会替换前景图像,如图5-57所示。

图 5-57

- "强光":使用该模式,可以使前景图像中的白色区域和黑色区域阻挡背景图像,背景图像中的白色区域和黑色区域会与前景图像中的重叠中间颜色值互动,根据背景颜色值的亮度,重叠中间颜色值会以不同的方式混合。较亮的背景中间颜色值通过网屏进行混合,较暗的背景中间颜色值通过乘法进行混合,如图 5-58所示。

图 5-58

- "亮光":使用该模式,可以将中间颜色值更鲜明地混合,并且在最终结果中保留重叠图像中的白色区域和黑色区域(抖动可能导致清晰明显的白色区域和黑色区域产生重叠区域),根据背景颜色值的亮度,重叠中间颜色值会以不同的方式混合。较亮的中间颜色值会褪色,而较暗的中间颜色值的对比度会加强,如图5-59所示。

图 5-59

- "线性光":该模式与"强光"混合模式类似,不同的是重叠中间颜色值会以更高的对比度混合,前景图像中的白色区域和黑色区域会阻挡背景图像,背景图像中的白色区域和黑色区域会与前景图像中的重叠中间颜色值互动,且重叠中间颜色值会混合在一起。较亮的背景颜色会使前景图像变亮，而较暗的颜色会使前景图像变暗，如图5-60所示。

图 5-60

- "点光"：该模式与"强光"混合模式类似，不同的是重叠中间颜色值会基于其颜色值以不同的方式混合，前景图像中的白色区域和黑色区域会阻挡背景图像，背景图像中的白色区域和黑色区域会与前景图像中的重叠中间颜色值互动，如图5-61所示。

图 5-61

- "实色混合"：该模式与"强光"混合模式类似，不同的是重叠中间颜色值的饱和度会增强，生成对比度极高的图像，且白色区域和黑色区域都会被保留。尽管两个层的顺序不会影响使用"实色混合"模式混合而成的两个图像的整体外观，但可能会出现细微差异，如图5-62所示。
- "差值"：使用该模式可以查看每个通道中的颜色信息，比较底色和绘图色，用较亮像素点的像素值减去较暗像素点的像素值。与白色混合使底色反相，与黑色混合则不产生变化，如图5-63所示。

图 5-62

图 5-63

- "排除"：使用该模式，可以生成和差值模式相似的效果，但比差值模式生成的颜色对比度小，因而颜色比较柔和。与白色混合使底色反相，与黑色混合则不产生变化，如图5-64所示。

图 5-64

5.3.3 课堂案例——为视频应用混合模式

实例效果：效果＞资源库＞第5章＞5.3.3	
素材位置：素材＞第5章＞5.3.3＞美食宣传.mp4	
在线视频：第5章＞5.3.3 课堂案例——为视频应用混合模式	
实用指数：☆☆☆	
技术掌握：混合模式的应用	

制作本案例需要使用"柔光"和"叠加"这两种混合模式将背景片段与前景片段的色彩混合。

01 在"事件资源库"窗口的空白处单击鼠标右键，打开快捷菜单，选择"新建事件"命令，打开"新建事件"对话框，设置"事件名称"为"5.3.3"，其他参数保持默认设置，单击"好"按钮，新建一个事件。

02 在"浏览器"窗口的空白处单击鼠标右键，打开快捷菜单，选择"导入媒体"命令，打开"媒体导入"对话框，在对应的文件夹下选择"美食宣传.mp4"视频文件，单击"导入所选项"按钮，导入素材对象，如图5-65所示。

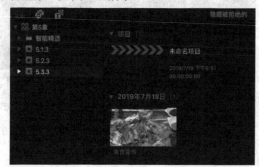

图 5-65

03 打开事件中已有的项目文件，然后在"浏览器"窗口中选择所有的媒体素材，添加至"磁性时间线"窗口的视频轨道上，如图5-66所示。

图 5-66

04 在"浏览器"窗口中单击"显示或隐藏'字幕和发生器'边栏"按钮，打开"发生器"窗口，在左侧列表中选择"背景"选项，在右侧列表中选择"气泡"发生器片段，如图5-67所示。

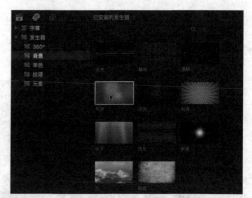

图 5-67

05 将选择的"气泡"发生器片段添加至视频片段的上方，并调整新添加发生器片段的时间长度，如图5-68所示。

图 5-68

06 在"检查器"窗口的"视频"选项区中，单击"混合模式"右侧的按钮，打开下拉列表，选择"柔光"混合模式，如图5-69所示。

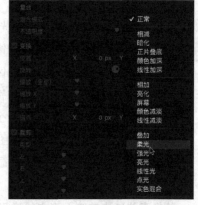

图 5-69

07 上述操作完成后，即可为选择的视频添加"柔光"混合模式，效果如图5-70所示。

图 5-70

08 在"浏览器"窗口中单击"显示或隐藏'字幕和发生器'边栏"按钮■，打开"发生器"窗口，在左侧列表中选择"背景"选项，在右侧列表中选择"水下"发生器片段，如图5-71所示。

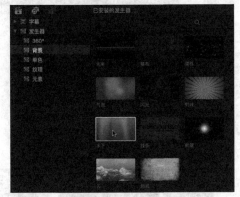

图 5-71

09 将选择的"水下"发生器片段添加至视频片段的上方，并调整新添加发生器片段的时间长度，如图 5-72所示。

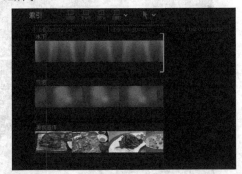

图 5-72

10 在"检查器"窗口的"视频"选项区中，单击"混合模式"右侧的按钮■，打开下拉列表，选择"叠加"混合模式，如图5-73所示。

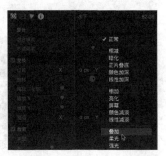

图 5-73

11 上述操作完成后，即可为选择的视频添加"叠加"混合模式，效果如图5-74所示。

图 5-74

5.4 本章小结

通过本章内容的学习，我们可以将多个视频片段、图像片段组合在一起以得到新的画面效果。本章的学习重点是Final Cut Pro X软件中的各种抠像、合成与混合模式的应用方法。熟练掌握抠像、合成与混合模式的应用方法，有助于我们创作和编辑复杂的影视项目。

5.5 课后习题

5.5.1 课后习题——为视频添加抠像效果

实例效果：效果＞资源库＞第5章＞课后习题1

素材位置：素材＞第5章＞课后习题＞喷墨花朵.mp4

在线视频：第5章＞5.5.1 课后习题——为视频添加抠像效果

实用指数：☆☆☆☆

技术掌握：抠像效果的应用

本习题主要练习在Final Cut Pro X软件中，如何运用"抠像器"滤镜在添加的渐变发生器片段上添加滤镜效果，以完成色彩的抠像操作，效果如图5-75所示。

图 5-75

分解步骤如图 5-76所示。

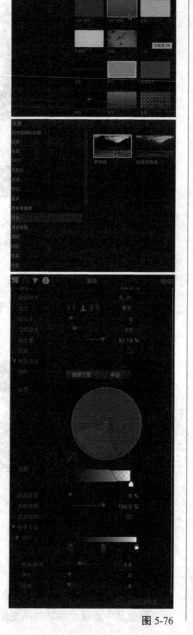

图 5-76

5.5.2 课后习题——为视频套用混合模式

实例效果：效果＞资源库＞第5章＞课后习题2
素材位置：素材＞第5章＞课后习题＞美味巧克力.mp4、背景.jpg
在线视频：第5章＞5.5.2 课后习题——为视频套用混合模式
实用指数：☆☆☆☆
技术掌握：为视频套用混合模式

本习题主要练习在Final Cut Pro X软件中，如何运用混合模式功能在多层视频片段上添加混合模式效果，如图 5-77所示。

图 5-77

分解步骤如图 5-78所示。

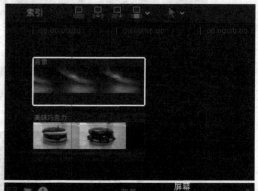

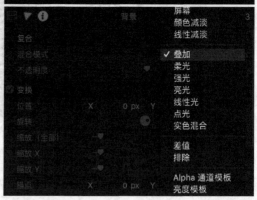

图 5-78

110

第**6**章

视频校色

———— 内容摘要 ————

　　画面的品质主要取决于构图、光影和色彩这3个方面。因此，在影视制作中想要呈现一个高品质的影片画面，调色是极其重要的。调色可以调整最终成像的色彩饱和度、反差、颗粒度、高光以及阴影部分的密度，从而影响最终的出片效果。本章将为各位读者详细讲解视频剪辑中色彩校正的具体方法。

———— 课堂学习目标 ————

* 示波器
* 自动平衡颜色
* 局部校色

6.1 调色基础

对色彩的感知力和判断力是个人审美的体现，在进行色彩调整时需要遵循调色规则，这样才能调出唯美的视频画面。本节将为各位读者介绍Final Cut Pro X中关于调色的相关知识，包括色彩校正、选择硬件、切换高品质画面等操作。

6.1.1 色彩校正概述

在后期制作的工作流程中，可以通过色彩校正对媒体素材中的颜色、曝光度、中间调、高光等色彩参数进行调整。校正素材色彩的原因有以下几个方面。

- 为了让媒体素材中所有镜头保持平衡状态。
- 媒体素材中出现了颜色不平衡、曝光度过高或过低等错误。
- 媒体素材中的人物的肤色等元素与预期不一致。
- 需要让媒体素材中的场景变成暖色或冷色。
- 为媒体素材添加对比度、亮度等特殊效果。

Final Cut Pro X软件中的色彩校正工具可以精确地控制媒体素材中每个视频和图像片段的外观效果。在进行色彩校正时，可以进行以下校正操作。

- 自动平衡视频和图像片段中的颜色。
- 自动匹配视频和图像片段的颜色和外观，让一个或多个片段的外观颜色一致。
- 自动设定片段的白平衡，快速移除视频和图像片段中不想要的色彩效果。
- 手动调整视频和图像片段中的颜色、饱和度和曝光。
- 通过颜色或形状遮罩，限制视频和图像片段中特定的颜色范围。
- 存储色彩校正设置并将其应用于其他片段。

以上任意一种色彩校正方法都是互相独立的，可以关闭和打开任意校正方法来查看其对应的效果。但使用它们的顺序很重要，通常情况下应当按照平衡颜色（包括白平衡校正）、匹配颜色和手动色彩校正（如有需要）的顺序使用这些工具。

6.1.2 硬件的选择

调色工作对硬件有一定的要求，主要体现在快速和准确这两个方面。

- 快速：如果事先要进行多层光影处理和滤镜特效处理，就需要一个强大的实时处理图像的GPU。
- 准确：如果制作的影片需要在电视台播出，那么必须配备一台符合行业标准的广播级监视器，这样才可以直观地感受画面呈现在荧屏上的效果。

在清楚了硬件的要求后，就需要对监视器硬件进行选择。市场上的监视器种类很多，有LCD、LED、OLED、投影仪等。一个好的监视器应该具备以下指标。

- 兼容以下视频输出端口：YPbPr、HDMI、HD-SDL。
- 拥有足够的黑电平与白电平，以及足够的色彩宽容度，即能够显示足够多的颜色、足够的黑与亮。
- 符合Rec.709色彩空间标准。
- 因为监视器会受到使用地点的环境与使用年限的影响，所以一台专业级的监视器需要完成亮度与色彩的校正与控制。

选择好监视器硬件设备后，就需要对硬件设备进行设置，将需要的硬件设备开启。设置硬件设备的具体方法是：在菜单栏中单击"Final Cut Pro X"|"偏好设置"命令，打开对话框，单击"播放"按钮，进入"播放"界面，然后在"音频/视频输出"列表框中选择要启用的硬件设备，如图6-1所示，即可启用硬件设备。

图 6-1

6.1.3 切换高品质画面

为了提高剪辑效率，减少计算机运算的数据量，很多视频剪辑软件会使用代理文件或优化文件，但在进行调色时需要把视频的画面质量调整为最佳。

切换高品质画面的具体方法是：在"监视器"窗口的右上角单击"显示"右侧的三角按钮 显示▾ ，打开下拉列表，在"质量"选项区中选择"较好质量"命令，在"媒体"选项区中选择"优化大小/原始状态"命令，如图 6-2所示，即可将Final Cut Pro X的画面显示效果调整为最佳。

图 6-2

6.1.4 分辨率与码流

视频分辨率是指视频成像产品所成图像的大小或尺寸，它的表达式为"水平像素数×垂直像素数"。摄像机成像的最大分辨率是由CCD（电荷耦合）元件和CMOS（互补金属氧化物半导体）器件决定的，部分摄像机支持修改分辨率，是通过摄像机自带软件裁剪原始图像所生成的。一般常用的分辨率有以下几种。

- 标清：720px×576px（4∶3）。
- 高清：1280px×720px（16∶9）。

- 全高清：1920px×1080px（16:9）。
- 2K：2560px×1440px；影院2K是指2048px×1080px；2048px×1536px（QXGA）；2560px×1600px（WQXGA）；2560px×1440px（Quad HD）。
- 4K：4096px×3112px（Full Aperture 4K）；3656px×2664px（Academy 4K）。

Final Cut Pro X软件支持从标清到高清，直至4K或更高分辨率的视频项目，在"项目设置"对话框中的"视频属性"列表框中可以设置分辨率，如图 6-3所示。

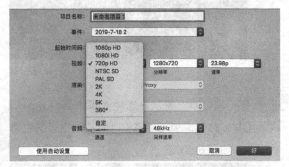

图 6-3

码流，也叫码率，是指视频图像经过编码压缩后在单位时间内的数据流量，是视频编码中画面质量控制中最重要的部分。同样的分辨率下，压缩比越小，视频图像码率越大，画面质量越高。分辨率越高，所需要的码率越大，画面就能越清晰。

6.1.5 课堂案例——设置高质量画质

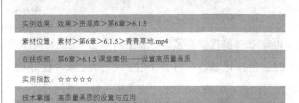

| 实例效果：效果＞资源库＞第6章＞6.1.5 |
| 素材位置：素材＞第6章＞6.1.5＞青青草地.mp4 |
| 在线视频：第6章＞6.1.5 课堂案例——设置高质量画质 |
| 实用指数：☆☆☆☆☆ |
| 技术掌握：高质量画质的设置与应用 |

在Final Cut Pro X中，使用"较好质量"的显示功能可以设置高质量的画面显示。

01 新建一个资源库，将其命名为"第6章"。在"事件资源库"窗口的空白处单击鼠标右键，打开快捷菜单，选择"新建事件"命令，打开"新建事件"对话框，设置"事件名称"为"6.1.5"，其他参数保持默认设置，单击"好"按钮，新建一个事件。

02 在"浏览器"窗口的空白处单击鼠标右键，打开快捷菜单，选择"导入媒体"命令，打开"媒体导入"对话框，在对应的文件夹下选择"青青草地.mp4"视频文件，单击"导入所选项"按钮，导入所选的素材对象，如图6-4所示。

图 6-4

03 在"浏览器"窗口中选择"青青草地.mp4"媒体素材，将其添加至"磁性时间线"窗口的视频轨道中，如图6-5所示。

图 6-5

04 在"监视器"窗口的右上角单击"显示"右侧的三角按钮，打开下拉列表，选择"较好质量"命令，如图6-6所示，完成高质量画质的设置。

图 6-6

6.2 示波器

色彩与声音一样，容易让人产生主观感受，为了更加客观地评价色彩的相关参数值，可以通过示波器进行展示。在Final Cut Pro X软件"检视器"窗口和"监视器"窗口中视频图像的旁边显示视频观测仪，可以在"视频观测仪"窗口中观察色彩的分布区域。

显示"视频观测仪"窗口的方法有以下几种。

• 在菜单栏中单击"显示"|"在检视器中显示"|"视频观测仪"命令，如图6-7所示。

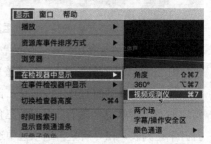

图 6-7

• 在菜单栏中单击"显示"|"在事件检视器中显示"|"视频观测仪"命令。

• 在"监视器"窗口中单击"显示"右侧的三角按钮，打开下拉列表，选择"视频观测仪"命令，如图6-8所示。

图 6-8

• 按快捷键"Command+7"。

执行以上任意一种方法，都可以打开"视频观测仪"窗口，如图6-9所示。"监视器"窗口将被一分为二，左侧用来显示视频观测仪，并在观测仪中对右侧的画面进行分析。

图 6-9

在"视频观测仪"窗口中,对当前画面进行分析的结果可以通过直方图、矢量显示器、波形3个方式进行显示,如图 6-10所示。如果要切换波形的显示数量和布局方式,可以在"视频观测仪"窗口中单击"显示"右侧的三角按钮 显示，打开下拉列表,选择合适的图标进行切换,如图 6-11所示。

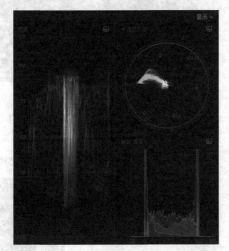

图 6-10

图 6-11

单击"视频观测仪"窗口右上角的"选取观测

仪及其设置"按钮 ，在打开的下拉列表中可以进行显示方式的切换,如图 6-12所示。

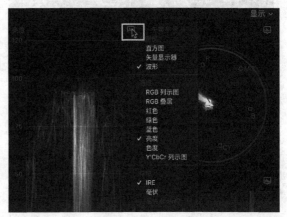

图 6-12

下面将对视频观测仪的各种显示方式进行讲解。

1. 直方图

利用直方图可以计算每个颜色或亮度的像素总数,还可以创建出显示每个亮度或颜色百分比的像素图形。直方图的刻度增量表示一个亮度或颜色百分比,而每个分段的高度都显示与刻度增量相对应的像素数值。在默认情况下,打开"视频观测仪"窗口后直接显示的是直方图,且直方图以"RGB叠层"的方式进行显示,如图 6-13所示。

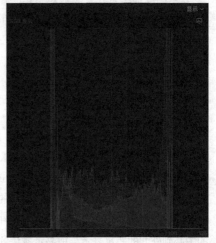

图 6-13

单击"视频观测仪"窗口右上角的"选取观测仪及其设置"按钮 ，在打开的下拉列表中可以选择在当前直方图中仅显示亮度、RGB列示图或是某一种颜色通道,如图 6-14所示。

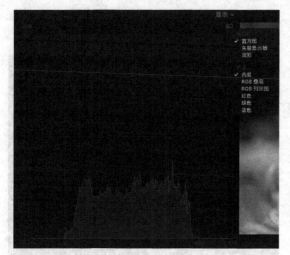

图 6-14

在直方图中可以查看当前画面中某一个通道在各亮度区域中包含的像素直方图。底部的数值（−25~125）表示色调的百分比分布，越往左越暗，越往右越亮。在视频播放标准中，最低的亮度是0，低于0的画面显示为黑色；最高的亮度为100，超过100的画面显示为白色，而直方图的高度表示在色调中包含的像素数量。

在"通道"选项区下，各主要选项的含义如下。

- "亮度"：用于显示视频的亮度分量。
- "RGB叠层"：用于将红色、绿色和蓝色颜色分量的波形组合在一个显示窗口中。
- "RGB列示图"：用于显示单独的红色、绿色和蓝色分量图形。
- "红色"：用于显示红色颜色通道。
- "绿色"：用于显示绿色颜色通道。
- "蓝色"：用于显示蓝色颜色通道。

2. 矢量显示器

矢量显示器在圆形标尺上显示图像中颜色的分布。视频中的颜色由落在此标尺内某个位置的一系列相连点来表示。标尺角度用于表示显示的色相以及主色（红、绿、蓝）和次色（黄、青、洋红）。从标尺的中心到外圈的距离表示当前显示颜色的饱和度。标尺的中心表示零饱和度，外圈表示最大饱和度。

在"视频观测仪"窗口中，单击右上角的"选取观测仪及其设置"按钮，打开下拉列表，选择"矢量显示器"命令，进入矢量显示器显示颜

色，如图6-15所示。矢量显示器为圆形，圆形周边有一圈色环标志，色环内部的标记点标志着画面中所包含的色相，包括红色R、绿色G、蓝色B、青色CY、黄色YL和洋红MG，利用矢量显示器可以查看画面中关于色相及饱和度的信息。

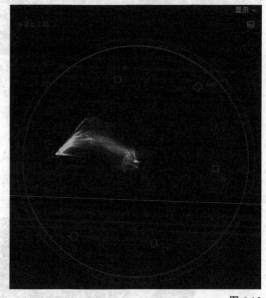

图 6-15

单击"视频观测仪"窗口右上角的"选取观测仪及其设置"按钮，在打开的下拉列表中可以选择矢量显示的大小和相位，如图6-16所示。

图 6-16

在"大小"、"相位"和"显示"选项区下，各主要选项的含义如下。

- "100%"：以100%的饱和色度设置（表示标准彩条测试信号中每种颜色的方块）参考色度。
- "133%"：以133%的饱和色度条参考色度。
- "向量"：使用正常色度色相设置参考色度，

当选择该选项时，红色靠近顶部。

- "Mark3"：使用90°色度色相设置参考色度，当选择该选项时，红色位于右侧。
- "隐藏肤色指示器"：用于显示或隐藏表示人类肤色色度相位的对角线。

3. 波形

通过波形监视器显示当前视频或图像片段中的亮度、色度或RGB参数值。这些参数值通过从左到右的显示方式，使片段中的亮度和色度能够相对分布。波形中的波峰和波谷对应画面中的亮区和暗区。

在"视频观测仪"窗口中，单击右上角的"选取观测仪及其设置"按钮，打开下拉列表，选择"矢量显示器"命令，进入矢量显示器显示颜色，如图6-17所示。

图6-17

"波形"观测仪与"直方图"观测仪相同，在

垂直方向上的数值为-20~120，最低的亮度是0，低于0的画面显示为黑色；最高的亮度是100，超过100的画面显示为白色。当数值低于0或高于100时，则表示在当前画面中有过暗或是过亮的部分存在。

单击"视频观测仪"窗口右上角的"选取观测仪及其设置"按钮，在打开的下拉列表中可以选择波形显示的通道和单位，如图6-18所示。

图6-18

在"通道"和"单位"选项区下，各主要选项的含义如下。

- RGB 列示图：用于将红色、绿色和蓝色分量3个波形显示窗口并排显示。
- RGB 叠层：用于红色、绿色和蓝色颜色分量的波形组合在一个显示窗口中。
- 红色：用于显示红色颜色通道。
- 绿色：用于显示绿色颜色通道。
- 蓝色：用于显示蓝色颜色通道。
- 亮度：仅显示视频的亮度分量。
- 色度：用于显示视频的色度分量，一般显示在检视器的左侧。
- Y'CbCr 列示图：用于将Y（亮度）、Cb（蓝色差通道）和Cr（红色差通道）分量3个波形显示窗口并排显示。
- IRE：通过IRE单位值显示视频范围。
- 毫伏：通过毫伏单位值显示视频范围。
- 尼特 (cd/m²)：通过单位值显示视频范围。

6.3 自动平衡颜色

通过"自动平衡颜色"功能可以在整体上对片段的画面进行调整，平衡画面中的色彩，解决画面中的对比度、饱和度及曝光度等色彩信息中所存在的问题。本节将为各位读者介绍Final Cut Pro X中关于视频自动平衡颜色的相关知识，包括手动调节、命令调节、"匹配颜色"功能调节等操作。

6.3.1 手动调节

手动调节片段颜色的第1步，是将色彩校正效果添加到片段，用户可以将多个色彩校正应用于一个片段以锁定特定问题。在"检查器"窗口中单击"显示颜色检查器"按钮 ■，切换至"颜色检查器"窗口，如图6-19所示。

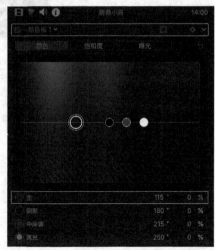

图6-19

1. 调整画面颜色

画面中的颜色通常由三原色组成，分别为红色、绿色和蓝色。将三原色中的任意两种颜色进行混合，会出现黄色、洋红和青色。如果要进行画面颜色的调整，可以在"颜色检查器"窗口的"颜色"选项区中调整"主"、"阴影"、"中间调"和"高光"这4个圆形控制点。按住鼠标左键并向上或向下拖曳，可以手动调整视频画面的颜色，前后对比效果如图6-20所示。

图6-20

2. 调整画面饱和度

饱和度是指颜色差值的强度。饱和度越低，画面越接近黑白色效果。在"颜色检查器"窗口中单击"饱和度"按钮，进入"饱和度"选项区，通过上下拖曳该选项区中的"主"、"阴影"、"中间调"和"高光"这4个圆形控制点，可以手动调整视频画面的饱和度，前后对比效果如图6-21所示。

图6-21

3. 调整画面的曝光度

曝光度是指画面的亮度，当画面的亮度为100%时，画面为最高亮度，显示为白色；而当亮度为0时，画面显示为黑色。在"颜色检查器"窗口中单击"曝光"按钮，进入"曝光"选项区，通过上下拖曳该选项区中的"主"、"阴影"、"中间调"和"高光"这4个圆形控制点，可以手动调整视频画面的曝光度，前后对比效果如图6-22所示。

图 6-22

6.3.2 命令调节

在调整画面的颜色效果时，可以通过"平衡颜色"命令进行调整。调用"平衡颜色"命令有以下几种方法。

- 在菜单栏中单击"修改"|"平衡颜色"命令，如图6-23所示。

图 6-23

- 在"监视器"窗口的左下角，单击"选取颜色校正和音频增强选项"按钮，打开下拉列表，选择"平衡颜色"命令，如图6-24所示。

图 6-24

- 按快捷键"Option+Command+B"。

执行以上任意一种方法，均可以调用"平衡颜色"命令平衡视频画面的颜色，前后对比效果如图6-25所示。

图 6-25

6.3.3 启用"匹配颜色"功能调节

在对影片进行编辑时，需要保持多个剪辑片段的色调一致，也就是说颜色要相互匹配。"匹配颜色"功能可以调节视频片段的颜色，使整部影片的颜色基调保持一致。

调用"匹配颜色"命令有以下几种方法。

- 在菜单栏中单击"修改"|"匹配颜色"命令，如图6-26所示。

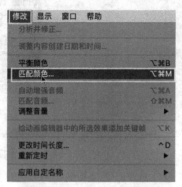

图6-26

- 在"监视器"窗口的左下角，单击"选取颜色校正和音频增强选项"按钮 ，打开下拉列表，选择"匹配颜色"命令，如图6-27所示。

图6-27

- 按快捷键"Option+Command+M"。

执行以上任意一种方法，均可以直接调用"匹配颜色"命令。在调用"匹配颜色"命令后，"监视器"窗口将被一分为二，左侧显示用来进行颜色匹配的片段画面，右侧显示之前选中待匹配的片段画面，如图6-28所示。

图6-28

技巧与提示

如果未在时间线中找到希望用来进行匹配的帧画面，监视器的左侧画面将显示为黑色。

与此同时，时间线中鼠标指针下方增加了一个相机形状的标志 ，在时间线中拖曳指针，选择希望进行匹配的帧画面后单击鼠标左键即可，如图6-29所示。

图6-29

上述操作完成后，被选择片段的帧画面会出现在"监视器"窗口的左侧。在时间线中再次单击鼠标左键，两个视频片段中的画面会自动匹配，并在"监视器"窗口右侧显示匹配颜色后的画面效果。此时单击"应用匹配"按钮，即可完成图像颜色的匹配，前后对比效果如图6-30所示。

图6-30

6.3.4 课堂案例——平衡与匹配视频的颜色

实例效果：效果＞资源库＞第6章＞6.3.4

素材位置：素材＞第6章＞6.3.4＞色彩喷墨.mp4、背景.jpg

在线视频：第6章＞6.3.4 课堂案例——平衡与匹配视频的颜色

实用指数：☆☆☆☆

技术掌握：平衡与匹配视频的颜色

为了调整视频画面的色彩，可以通过"平衡颜色"与"匹配颜色"命令来实现。下面讲解具体的操作步骤。

01 在"事件资源库"窗口的空白处单击鼠标右键，打开快捷菜单，选择"新建事件"命令，打开"新建事件"对话框，设置"事件名称"为"6.3.4"，其他参数保持默认设置，单击"好"按钮，新建一个事件。

02 在"浏览器"窗口的空白处单击鼠标右键，打开快捷菜单，选择"导入媒体"命令，打开"媒体导入"对话框，在对应的文件夹下选择"色彩喷墨.mp4"视频文件和"背景.jpg"图像文件，单击"导入所选项"按钮，导入视频和图像文件，如图6-31所示。

图 6-31

03 打开已有的项目文件，选择"浏览器"窗口中的"色彩喷墨.mp4"视频文件和"背景.jpg"图像文件，将其添加至"磁性时间线"窗口的主要故事情节上，如图6-32所示。

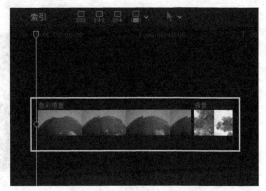

图 6-32

04 选择"色彩喷墨"视频片段，在"监视器"窗口的左下角，单击"选取颜色校正和音频增强选项"按钮 ，打开下拉列表，选择"匹配颜色"命令，如图6-33所示。

图 6-33

05 "监视器"窗口被一分为二，且鼠标指针下方出现相机图标 ，将指针移至时间线的"背景"图像片段上，如图6-34所示。

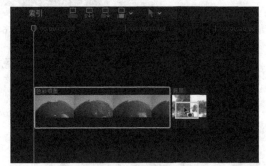

图 6-34

06 在"背景"图像片段上单击鼠标左键即可匹配颜色，然后在"监视器"窗口的右下角单击"应用匹配项"按钮，如图6-35所示。

07 上述操作完成后，即可在"监视器"窗口中查看匹配颜色后的最终效果，如图6-36所示。

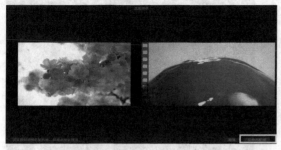

图 6-35

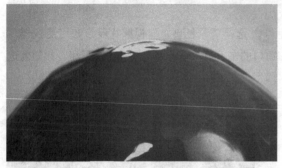

图 6-36

08 选择"色彩喷墨"视频片段，在菜单栏中单击"修改"|"平衡颜色"命令，如图6-37所示。

图 6-37

09 上述操作完成后即可平衡视频片段的颜色，并在"监视器"窗口中查看平衡颜色后的效果，如图6-38所示。

图 6-38

10 选择"色彩喷墨"视频片段，在"颜色检查器"窗口的"颜色"选项区中拖曳4个圆形控制点，调整颜色参数值，如图6-39所示。

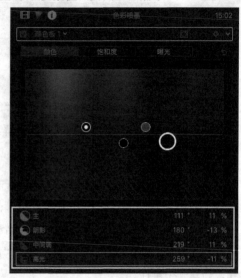

图 6-39

11 单击"饱和度"按钮，在"饱和度"选项区中拖曳4个圆形控制点，调整饱和度参数值，如图6-40所示。

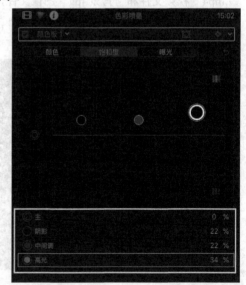

图 6-40

12 完成视频画面的颜色和饱和度的调整，在"监视器"窗口中，单击"从播放头位置向前播放—空格键"按钮 ▶，播放预览动画效果，如图6-41和图6-42所示。

图 6-41

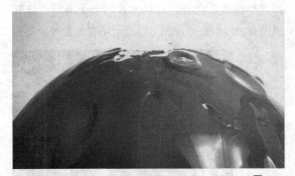

图 6-42

6.4 局部校色

局部校色可以以创建遮罩的方式对画面的特定区域或特定颜色范围进行调整，并且不会影响遮罩以外画面的效果。本节将为各位读者介绍Final Cut Pro X软件中关于局部校色的基础知识与具体应用方法。

6.4.1 局部校色类别

在"效果浏览器"面板的"颜色"列表框中，可以选择色彩校正效果进行添加。常用的色彩校正效果有颜色板、色轮、颜色曲线和色相/饱和度曲线，如图 6-43所示。

图 6-43

其中"颜色板"色彩校正效果在本书的第6章6.3.1小节中已经进行讲解，这里将对"色轮""颜色曲线""色相/饱和度曲线"色彩校正效果进行介绍。

1. "色轮"色彩校正

"色轮"色彩校正工具主要通过主、暗调、中间调、高光4个色轮来调整视频片段中的颜色、亮度和饱和度。

首先将"色轮"色彩校正效果添加到视频片段，然后在"颜色检查器"窗口的"色轮"选项区中调整其参数，如图 6-44所示。

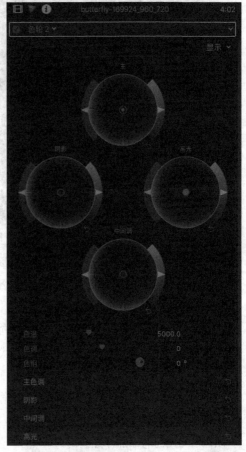

图 6-44

在"颜色检查器"窗口的"色轮"选项区中，如果要调整色轮的显示数量，可以单击"显示"右侧的三角按钮 显示，打开下拉列表，选择"单调节轮"命令，可以只显示一个色轮，如图 6-45所示。

123

若要更改片段的亮度、颜色或饱和度，可以通过色轮进行调整，或在下方的数值滑块中输入数值。当要调整亮度时，则拖移色轮右侧的"亮度"滑块；当要调整颜色值时，则拖移色轮中间的颜色控制，也可以通过按键盘上的方向键来移动，进行颜色控制；当要调整饱和度时，则拖移色轮左侧的"饱和度"滑块。

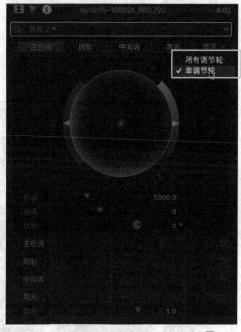

图 6-45

在"颜色检查器"窗口的"色轮"选项区中，可以对颜色的色温、色调和色相进行设置，各选项的含义如下。

- 色温：用于调整颜色的色温，将滑块向左移动时增加蓝色调，将滑块向右移动时增加橙色调。

- 色调：用于消除剩余的绿色或洋红色调来微调白平衡。将滑块向左移动时将添加绿色调，将滑块向右移动时将添加洋红色调。

- 色相：用于设定从0°到360°之间的色相值，当值为0°时表示原始图像。

2. "颜色曲线"色彩校正

通过"颜色曲线"色彩校正可以调整图像片段中单个颜色通道的成分。用户可以调整主亮度通道

以及红色、绿色和蓝色颜色通道。

首先将"颜色曲线"色彩校正效果添加到视频片段中，然后在"颜色检查器"窗口的"颜色曲线"选项区中，依次在曲线上添加控制点并向上或向下进行拖移，调整其参数，如图 6-46所示。

在"颜色检查器"窗口的"颜色曲线"选项区中，如果要调整颜色曲线的显示数量，可以单击"显示"右侧的三角按钮 显示，打开下拉列表。选择"单曲线"命令，可以只显示一条曲线；选择"所有曲线"命令，则可以显示所有的曲线。

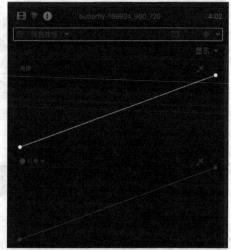
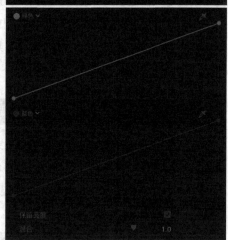

图 6-46

在"颜色曲线"选项区中，可以在曲线中进行以下操作。

- 拖移"亮度"曲线末端的控制点可以设定黑点和白点。

- 在"红色"、"绿色"和"蓝色"曲线上单击鼠标左键,添加颜色通道的控制点,然后向上或向下拖移控制点以增加或减少颜色的密度。
- 如果要缩小调整的色调范围,可以在曲线上添加多个控制点。
- 如果要删除控制点,可以在选择控制点后按"Delete"键删除。
- 如果要还原颜色曲线的值,则可以单击"还原"按钮█。

3. "色相/饱和度曲线"色彩校正

使用6条色相/饱和度曲线可以为项目的色彩校正提供最大限度的控制和精确度,且可以进行以下色彩校正操作。

- 调整项目中任意颜色的色相、饱和度和亮度。
- 调整项目中一系列的亮度和饱和度。
- 在特定亮度范围内,调整特定颜色的饱和度。

首先将"色相/饱和度曲线"色彩校正效果添加到视频片段,然后在"颜色检查器"窗口的"色相/饱和度曲线"选项区中,依次在曲线上添加控制点并向上或向下进行拖移,调整其参数,如图6-47所示。

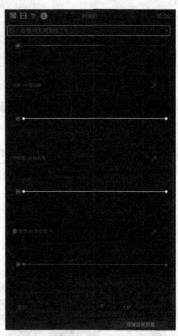

图 6-47

在"色相/饱和度曲线"选项区中,各主要曲线的含义如下。

- "色相VS色相":用于调整图像的颜色和色相。
- "色相VS饱和度":用于调整图像颜色的饱和度。
- "色相VS亮度":用于调整图像颜色的亮度。
- "亮度VS饱和度":用于创建特殊的外观并通过减少饱和度来使片段满足要求。
- "饱和度VS饱和度":用于在视频片段的原始饱和度范围内选择并调整一系列饱和度,来创建特殊的外观。
- "橙色VS饱和度":用于调整色调范围(从最暗到最亮)周围特定颜色的饱和度。

6.4.2 颜色遮罩和形状遮罩

"色彩校正"命令下的"颜色遮罩"和"形状遮罩"功能可以在视频片段上添加遮罩效果,并调整遮罩颜色,完成局部颜色的校正。

1. 颜色遮罩

颜色遮罩会隔离图像中的特定颜色,应用颜色遮罩可以校正特定颜色,或在校正图像区域部分时排除该颜色。

添加颜色遮罩的具体方法是：在时间线中选择视频片段，为选择的视频片段添加色彩校正，然后在"颜色检查器"窗口的"颜色板"选项区中单击"应用形状或颜色遮罩，或者反转已应用的遮罩"按钮█，打开下拉列表，选择"添加颜色遮罩"命令，如图6-48所示，即可添加颜色遮罩；当鼠标指针呈滴管状态 ✎ 时，在"监视器"窗口中将滴管放在图像中要隔离的颜色上，按住鼠标左键并进行拖曳，将显示一个圆圈，如图6-49所示；释放鼠标左键即完成颜色范围的选择，圆圈的大小决定了颜色遮罩所要包括的颜色范围。

图 6-48

图 6-49

若要更改遮罩所要包括的颜色范围，可以执行以下任意一项操作。

- 添加颜色阴影：按住"Shift"键，将滴管放在要添加遮罩的颜色上，然后按住鼠标左键进行拖曳，以选择颜色。
- 减去颜色阴影：按住"Option"键，将滴管放在要从遮罩移除的颜色上，然后按住鼠标左键进行拖曳以选择颜色。

如果要调整颜色遮罩的参数值，可以在"颜色遮罩"选项区中进行修改，如图6-50所示。

图 6-50

在"颜色遮罩"选项区中，各主要选项的含义如下。

- "内部"：可以将色彩校正应用于所选颜色。
- "外部"：可以将色彩校正应用于所选颜色之外的任何内容。
- "Softness（柔和度）"：可以调整颜色遮罩的边缘。
- "查看遮罩"：可以查看颜色遮罩的Alpha通道。

2. 形状遮罩

形状遮罩用来定义图像中的某个区域，以便在该区域内部或外部应用色彩校正。可以添加多个形状遮罩来定义多个区域，也可以使用关键帧将这些形状制作成动画，使它们在摄像机摇动时跟随移除的对象或区域移动。

添加形状遮罩的具体方法是：在时间线中选择视频片段，为选择的视频片段添加色彩校正，然后在"颜色检查器"窗口的"颜色板"选项区中单击"应用形状或颜色遮罩，或者反转已应用的遮罩"按钮█，打开下拉列表，选择"添加形状遮罩"命令，如图 6-51所示，即可添加形状遮罩；在"监视器"窗口中将显示同心圆形状，如图6-52所示；在同心圆形状的控制点上，按住鼠标左键进行拖曳，可以调整同心圆的大小和形状。

图 6-51

图 6-52

在为形状添加遮罩后，在"颜色"面板中选择控制点并进行上下拖移，调整遮罩内的颜色，前后对比效果如图6-53所示。

图 6-53

6.4.3 课堂案例——为视频特定区域校色

实例效果：效果＞资源库＞第6章＞6.4.3	
素材位置：素材＞第6章＞6.4.3＞沙滩贝壳.mp4	
在线视频：第6章＞6.4.3 课堂案例——为视频特定区域校色	
实用指数：☆☆☆☆	
技术掌握：为视频特定区域校色	

在制作本案例效果时，需要使用"添加形状遮罩"，对视频片段的局部进行校色。

01 在"事件资源库"窗口的空白处单击鼠标右键，打开快捷菜单，选择"新建事件"命令，打开"新建事件"对话框，设置"事件名称"为"6.4.3"，其他参数保持默认设置，单击"好"按钮，新建一个事件。

02 在"浏览器"窗口的空白处单击鼠标右键，打开快捷菜单，选择"导入媒体"命令，打开"媒体导入"对话框，在对应的文件夹下选择"沙滩贝壳.mp4"视频文件，单击"导入所选项"按钮，导入素材对象，如图6-54所示。

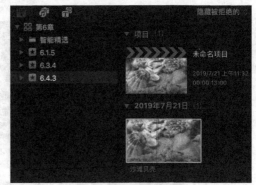

图 6-54

03 打开事件中已有的项目文件，然后在"浏览器"窗口中选择所有的媒体素材，添加至"磁性时间线"窗口的视频轨道上，如图6-55所示。

图 6-55

04 选择视频片段，在"颜色检查器"窗口中单击"无校正"右侧的三角按钮 无校正 ，打开下拉列表，选择"色轮"命令，如图6-56所示。

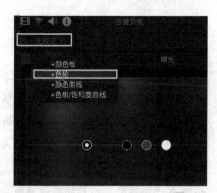

图 6-56

05 添加一个色彩校正，然后单击"应用形状或颜色遮罩，或者反转已应用的遮罩"按钮 ▣，打开下拉列表，选择"添加形状遮罩"命令，如图6-57所示。

图 6-57

06 添加一个形状遮罩，并在"监视器"窗口中显示一个同心圆形状，选择形状中的控制点，按住鼠标左键进行拖曳，调整同心圆的大小和位置，如图6-58所示。

图 6-58

07 在"颜色检查器"窗口的"色轮"选项区中，拖移主色轮中的控制点至合适的位置，并调整"色调"为"21.0"，调整"色相"为"1.0°"，如图6-59所示。

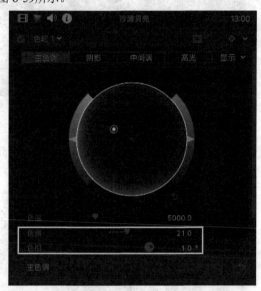

图 6-59

08 完成形状遮罩内局部颜色的校正后，得到的图像效果如图6-60所示。

图 6-60

09 单击"应用形状或颜色遮罩，或者反转已应用的遮罩"按钮 ▣，打开下拉列表，选择"添加形状遮罩"命令，再次添加一个形状遮罩，并在"监视器"窗口中调整形状遮罩的大小和位置，如图6-61所示。

10 在"颜色检查器"窗口中单击"色轮1"右侧的三角按钮 色轮1 ，打开下拉列表，选择"颜色曲线"命令，如图6-62所示。

图 6-61

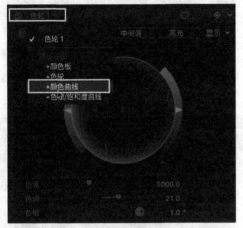

图 6-62

⑪ 上述操作完成后，即可为选择的视频添加"颜色曲线"色彩校正。单击"应用形状或颜色遮罩，或者反转已应用的遮罩"按钮 ■，打开下拉列表，选择"添加颜色遮罩"命令，如图6-63所示。

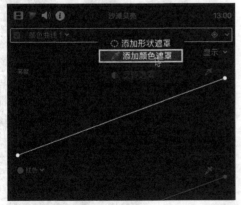

图 6-63

⑫ 添加一个颜色遮罩，当鼠标指针呈滴管形状时，按住鼠标左键进行拖曳，出现一个圆圈，如图6-64所示，释放鼠标左键即可完成色彩范围的选择。

图 6-64

⑬ 在"颜色曲线"选项区中，依次在"红色"和"绿色"曲线上添加控制点，并调整控制点的位置，如图6-65所示。

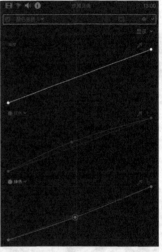

图 6-65

⑭ 在"颜色遮罩"选项区中，向右拖移"Softness"滑块，如图6-66所示。

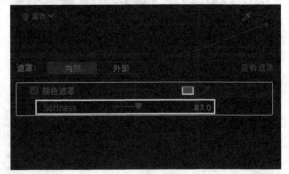

图 6-66

⑮ 完成颜色遮罩的调整后，得到的最终视频画面效果如图6-67所示。

图 6-67

6.5 颜色预置

Final Cut Pro X软件提供了众多可以直接套用的"颜色预置"滤镜，并且能自动校正画面颜色。在"效果浏览器"面板的"颜色预置"列表框中包含了20种滤镜，如图 6-68所示，选择不同的滤镜可以得到不同的颜色预置效果。

图 6-68

6.6 本章小结

在熟练掌握了视频的校色技术后，可以将存在偏色、曝光度不足等问题的视频画面进行色彩校正，从而得到新的画面效果。本章的学习重点是Final Cut Pro X软件中各种色彩校正的应用方法，灵活应用这部分的色彩校正知识，能帮助我们在进行视频校色时达到视频片段色彩平衡与匹配的目的。

6.7 课后习题

6.7.1 课后习题——调整画面质量与对比度

实例效果：效果＞资源库＞第6章＞课后习题1	
素材位置：素材＞第6章＞课后习题＞闪亮.mp4	
在线视频：第6章＞6.7.1课后习题——调整画面质量与对比度	
实用指数：☆☆☆	
技术掌握：调整画面与对比度	

本习题主要练习在Final Cut Pro X软件中，如何利用"监视器"和"颜色检查器"窗口将视频画面设置为高质量，并调整视频的对比度、饱和度和曝光度，效果如图 6-69所示。

图 6-69

分解步骤如图 6-70所示。

图 6-70

6.7.2 课后习题——应用颜色平衡

本习题主要练习在Final Cut Pro X软件中如何运用"平衡颜色"功能校正视频画面的颜色，效果如图 6-71所示。

图 6-71

分解步骤如图 6-72所示。

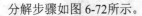

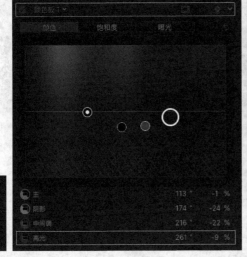

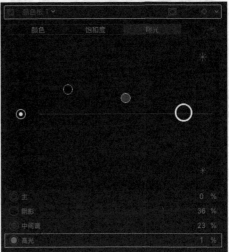

图 6-72

第**7**章

字幕

内容摘要

在影片的创作过程中，可以通过文字向观众传达影片所要表述的信息。比如，在影片的开头介绍影片的发生时间及背景信息等内容，在播放过程中介绍出现场景及其名称等内容，在影片结束时介绍与影片有关的职员信息等内容。因此，本章将为各位读者详细介绍视频剪辑中有关字幕应用的相关知识。

课堂学习目标

- 文字标题的添加与编辑
- 特效字幕的应用
- 主题与发生器

7.1 文字标题

本节将为各位读者介绍文字标题的应用方法，具体操作包括添加标题或文字、编辑标题或文字等。

7.1.1 添加标题或文字

标题文本中的"基本字幕"和"基本下三分之一"字幕，是为影片添加文字效果的方式中基础且常用的方式。下面分别进行介绍。

1. 添加"基本字幕"

添加"基本字幕"的方法很简单，用户只要将时间线移至合适的位置，然后在菜单栏中单击"编辑"|"连接字幕"|"基本字幕"命令，如图7-1所示。

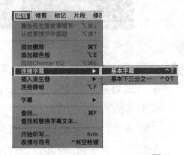

图 7-1

上述操作完成后，在时间线位置将添加一个紫色的"基本字幕"片段，添加的"基本字幕"的默认持续时间为10秒。选择字幕片段的位置，待指针变为修剪状态时进行左右拖曳，即可延长或缩短字幕片段的时间长度，如图7-2所示。

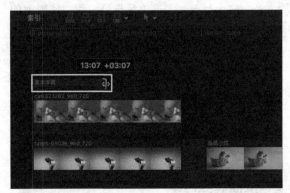

图 7-2

选择字幕片段，"监视器"窗口中会显示白色的"标题"文本，在选择的字幕片段上双击鼠标左键，

"监视器"窗口中的文字会呈现被选中状态，此时可以输入自定义文本内容，如图7-3所示。

图 7-3

2. 添加"基本下三分之一"字幕

添加"基本下三分之一"字幕的方法与添加"基本字幕"的方法相同，用户只需将时间线移至合适的位置，然后在菜单栏中单击"编辑"|"连接字幕"|"基本下三分之一"命令，如图7-4所示。

图 7-4

上述操作完成后，在时间线位置将添加一个紫色的"基本下三分之一"字幕片段，如图7-5所示。添加的"基本下三分之一"字幕将显示在"监视器"窗口的左下角，如图7-6所示。

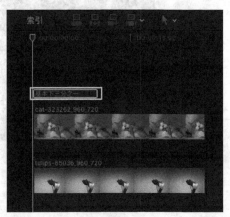

图 7-5

图 7-6

7.1.2 编辑标题或文字

在添加了标题字幕后,如果要对文字的格式和外观进行编辑,可以在"字幕检查器"窗口中进行相关操作,如图7-7所示。

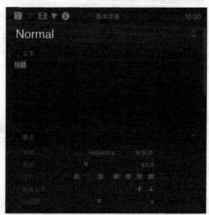

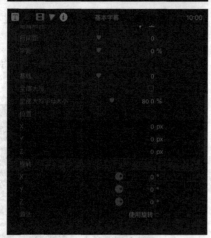

图 7-7

1. 修改文字基本格式

在"字幕检查器"窗口的"基本"选项区中,可以对字幕中文字的格式、大小、对齐、行间距等

参数或属性进行设置。在"基本"选项区中,各选项的含义如下。

- "字体":打开该选项的下拉列表,可以选择不同的字体样式,如图7-8所示。
- "常规体":打开该选项的下拉列表,可以选择字体的粗细样式,如图7-9所示。

图 7-8　　　　　　　　图 7-9

- "大小":左右拖移滑块可以改变字体的大小,也可以单击滑块后的数字直接输入数值调整字体的大小。
- "对齐":用来设置文字的对齐方式,包括向左对齐、居中对齐和向右对齐。
- "垂直对齐":用来设置垂直方向文字对齐的方式。
- "行间距":当输入多行文字时,用来设置行与行之间的距离。
- "字距":用来设置字幕文字之间的距离。
- "基线":用来设置每行文字的基础高度。
- "全部大写":勾选该复选框,可以将输入的英文字母切换为大写形式。
- "全部大写字母大小":用来设置大写英文字母的大小。

> **? 技巧与提示**
>
> 在"基本"选项区中,单击选项区右侧的"隐藏"文本,可以屏蔽或者激活该选项;单击该选项右侧的"还原"按钮 ,可以将其恢复为默认状态。

2. 设置3D文本

启用"3D文本"功能可以制作出有立体效果的字幕文本。在"字幕检查器"窗口中勾选"3D文本"复选框，然后单击其右侧的"显示"文本，即可显示"3D文本"选项区，如图 7-10所示。在该选项区中可以调整3D文本的填充颜色、不透明度、模糊等参数或属性。图 7-11所示为添加3D文本后的字幕效果。

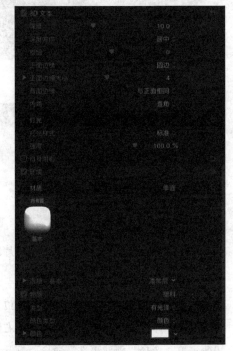

图 7-10

图 7-11

3.　设置字幕表面效果

启用"表面"功能可以为字幕文本添加表面效果。在"字幕检查器"窗口中勾选"表面"复选框，然后单击其右侧的"显示"文本，即可显示"表面"选项区中的内容，如图 7-12所示，在该选项区中可以调整填充颜色、不透明度、模糊等参数或属性。图7-13为设置字幕表面后的效果。

图 7-12

图 7-13

4.　设置字幕外框

启用"外框"功能可以为字幕文本添加外边框效果。在"字幕检查器"窗口中勾选"外框"复选框，然后单击其右侧的"显示"文本，即可显示"外框"选项区中的内容，如图 7-14所示，在该选项区中可以调整填充颜色、不透明度、宽度等参数或属性。图 7-15所示为添加外框后的字幕效果。

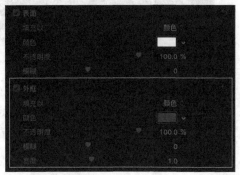

图 7-14

图 7-15

5. 设置字幕光晕

启用"光晕"功能可以为字幕文本添加发光效果，该效果与"外框"功能实现的效果类似。在"字幕检查器"窗口中勾选"光晕"复选框，然后单击其右侧的"显示"文本，即可显示"光晕"选项区中的内容，如图7-16所示，在该选项区中可以设置填充颜色、不透明度、半径等参数或属性。图7-17所示为添加字幕光晕后的字幕效果。

图 7-16

图 7-17

6. 设置字幕投影

启用"投影"功能可以为字幕文本添加投影效果。在"字幕检查器"窗口中勾选"投影"复选框，然后单击其右侧的"显示"文本，即可显示"投影"选项区中的内容，如图7-18所示，在该选项区中可以设置填充颜色、不透明度、距离、角度等参数或属性。图7-19所示为添加字幕投影后的字幕效果。

图 7-18

图 7-19

7.1.3 课堂案例——为视频添加标题

实例效果：效果＞资源库＞第7章＞7.1.3	
素材位置：素材＞第7章＞7.1.3＞手心水果.mp4	
在线视频：第7章＞7.1.3 课堂案例——为视频添加标题	
实用指数：☆☆☆☆☆	
技术掌握：添加标题	

使用"连接字幕"命令可以在视频片段的上方添加标题字幕，并修改字幕的格式。

01 新建一个资源库，将其命名为"第7章"。在"事件资源库"窗口的空白处单击鼠标右键，打开快捷菜单，选择"新建事件"命令，打开"新建事件"对话框，设置"事件名称"为"7.1.3"，其他参数保持默认设置，单击"好"按钮，新建一个事件。

02 在"浏览器"窗口的空白处单击鼠标右键，打开快捷菜单，选择"导入媒体"命令，打开"媒体导入"对话框，在对应的文件夹下选择"手心水果.mp4"视频文件，单击"导入所选项"按钮，导入所选的视频文件，如图7-20所示。

图 7-20

03 在"浏览器"窗口中选择"手心水果.mp4"媒体素材，将其添加至"磁性时间线"窗口的视频轨道上，如图7-21所示。

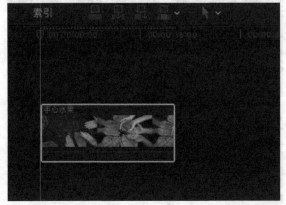

图 7-21

04 在菜单栏中单击"编辑"菜单，在打开的下拉列表中单击"连接字幕"|"基本字幕"命令，如图7-22所示。

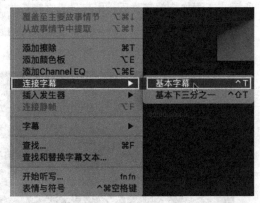

图 7-22

05 在时间线上添加一个"基本字幕"，拖曳调整"基本字幕"片段的时间长度，如图7-23所示。

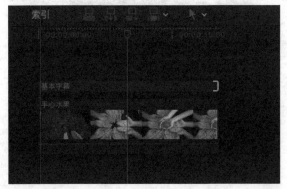

图 7-23

06 选择字幕片段，然后在"监视器"窗口中选择"标题"文本，按住鼠标左键进行拖曳，将"标题"文本移动到合适的位置，如图7-24所示。

图 7-24

07 在"字幕检查器"窗口的"基本"选项区中，打开"字体"选项的下拉列表，选择"方正胖娃简体"字体，如图7-25所示，完成字体样式的更改。

图 7-25

08 调整"大小"右侧的滑块，设置数值为"95.0"，完成字体大小的更改，如图7-26所示。

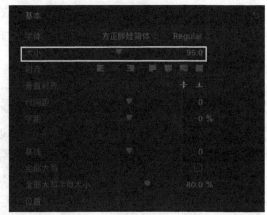

图 7-26

⑨ 在"字幕检查器"窗口的"文本"选项区中删除"标题"文本，输入"手捧希望"文本，如图7-27所示。

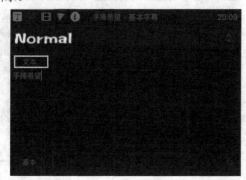

图 7-27

⑩ 完成文本的添加与修改后，在"监视器"窗口中单击"从播放头位置向前播放—空格键"按钮 ▶，预览标题文本效果，如图7-28所示。

图 7-28

7.2 特效字幕

特效字幕能给视频画面增添新的元素，还能增强视频的节奏感，因此，特效字幕的选择和制作在视频剪辑中就显得尤为重要。本节将为各位读者介绍特效字幕的应用方法。

7.2.1 特效字幕的应用

在Final Cut Pro X软件中添加特效字幕，可以通过"字幕和发生器"窗口进行相关操作。"字幕和发生器"窗口的"字幕"列表框中包含了多种特效字幕，如图7-29所示。

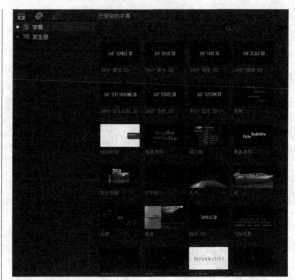

图 7-29

在"字幕和发生器"窗口中选择特效字幕，按住鼠标左键进行拖曳，放置到时间线中的合适位置后释放鼠标左键，即可添加特效字幕，如图7-30所示。在添加特效字幕后，用户只需直接在"字幕检查器"窗口的"文本"选项区中输入文本内容即可。添加特效后的字幕效果如图7-31所示。

图 7-30

图 7-31

7.2.2 课堂案例——为视频添加特效字幕

实例效果：效果>资源库>第7章>7.2.2
素材位置：素材>第7章>7.2.2>树叶.mp4
在线视频：第7章>7.2.2 课堂案例——为视频添加特效字幕
实用指数：☆☆☆☆☆
技术掌握：特效字幕的应用

在"字幕和发生器"窗口选择特效字幕，可以将其添加至"磁性时间线"窗口的素材片段中，下面将详细讲解具体的操作方法。

01 在"事件资源库"窗口的空白处单击鼠标右键，打开快捷菜单，选择"新建事件"命令，打开"新建事件"对话框，设置"事件名称"为"7.2.2"，其他参数保持默认设置，单击"好"按钮，新建一个事件。

02 在"浏览器"窗口的空白处单击鼠标右键，打开快捷菜单，选择"导入媒体"命令，打开"媒体导入"对话框，在对应的文件夹下选择"树叶.mp4"视频文件，单击"导入所选项"按钮，导入视频文件，如图7-32所示。

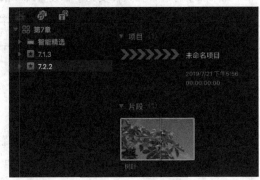

图 7-32

03 打开已有的项目文件，选择"浏览器"窗口中的"树叶.mp4"媒体素材，将其添加至"磁性时间线"窗口的视频轨道上，如图7-33所示。

04 在"事件资源库"窗口中，单击"显示或隐藏'字幕和发生器'边栏"按钮 ▥ ，打开"字幕和发生器"窗口，在左侧列表中选择"字幕"选项，然后在右侧列表中选择"镜头炫光"特效字

幕，如图7-34所示。

图 7-33

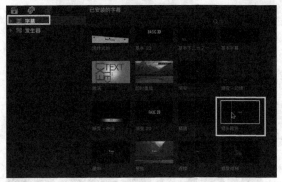

图 7-34

05 将选择的"镜头炫光"特效字幕添加至时间线中，并调整特效字幕的长度使其与下方视频片段长度一致，如图7-35所示。

图 7-35

06 选择"特效字幕"片段，在"字幕检查器"窗口的"文本"选项区中输入文本"树叶摇动"，如图7-36所示。

07 在"基本"选项区中设置文本的"Font"为"方正艺黑简体"，设置"Size"为"141.0"，如图7-37所示。

图 7-36

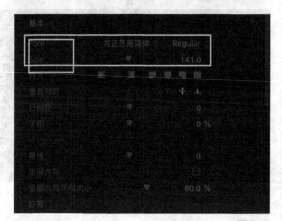

图 7-37

(08) 勾选"投影"复选框，然后单击"显示"文本，展开该选项区，依次设置"不透明度"为"71.85%"、"模糊"为"0.83"、"距离"为"10.0"、"角度"为"315.0°"，如图7-38所示。

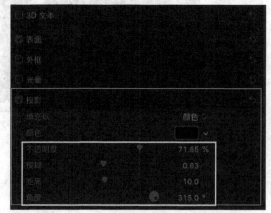

图 7-38

(09) 完成特效字幕的添加后，在"监视器"窗口中将特效字幕移动至合适的位置，并预览视频的最

终效果，如图7-39所示。

图 7-39

7.3 字幕编辑

在"磁性时间线"窗口中添加字幕片段并对其进行调整后，将建立原始的字幕样本。如果该时间线中需要添加相同格式的字幕，可以对字幕进行复制，并对复制后的字幕进行整理，使其成为一个整体片段，方便进行移动或其他操作。

7.3.1 复制字幕

在添加字幕后，如果需要为字幕设置统一的字体格式，可以通过"拷贝"和"粘贴"命令对字幕进行复制和粘贴操作，然后再对复制后的字幕中的文本内容进行修改即可。

复制字幕的具体方法是：在时间线中选择字幕片段，然后在菜单栏中单击"编辑"|"拷贝"命令，如图7-40所示；将时间线移至需要连接字幕的位置，然后在菜单栏中单击"编辑"|"粘贴"命令，如图7-41所示。

图 7-40

图 7-41

此时复制的字幕片段会以时间线所在位置为起始点，以连接片段的方式进行粘贴，如图 7-42 所示。在复制了字幕片段后，只需要双击复制的字幕片段，即可在"字幕检查器"窗口的"文本"选项区中输入文本。

图 7-42

7.3.2 整理字幕

将字幕以连接片段的形式陈列在时间线上后，在移动视频轨道中的片段的同时，与之相连的字幕片段也会同时进行移动，如图 7-43 所示。

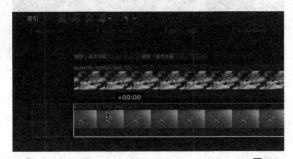

图 7-43

为了使字幕片段不影响之后修改或调整项目的操作，可以在框选所有字幕片段后单击鼠标右键，在弹出的快捷菜单中单击"创建故事情节"命令，可以将所有的字幕片段创建为一个次级故事情节，如图 7-44 所示。

拖曳故事情节的外框，整体移动字幕片段的位置，可以在不影响字幕片段的情况下修改视频轨道中的片段，如图 7-45 所示。此外，在次级故事情节

中移动字幕片段也可以调整字幕片段之间的顺序，如图 7-46 所示。

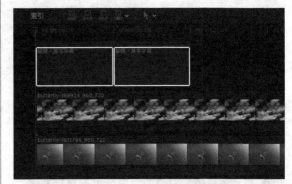

图 7-44

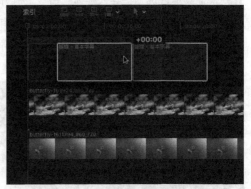

图 7-45

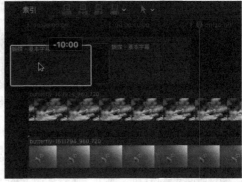

图 7-46

7.3.3 课堂案例——在视频中复制与整理字幕

实例效果：效果＞资源库＞第7章＞7.3.3	
素材位置：素材＞第7章＞7.3.3＞蔬菜1.jpg、蔬菜2.jpg、西红柿.mp4	
在线视频：第7章＞7.3.3课堂案例——在视频中复制与整理字幕	
实用指数：☆☆☆☆	
技术掌握：复制与整理字幕	

制作本案例效果，需要在添加基本字幕后，使用"拷贝"和"粘贴"命令复制和粘贴字幕，然后将所有字幕文件创建为次级故事情节。具体的操作步骤如下。

(01) 在"事件资源库"窗口的空白处单击鼠标右键，打开快捷菜单，选择"新建事件"命令，打开"新建事件"对话框，设置"事件名称"为"7.3.3"，其他参数保持默认设置，单击"好"按钮，新建一个事件。

(02) 在"浏览器"窗口的空白处单击鼠标右键，打开快捷菜单，选择"导入媒体"命令，打开"媒体导入"对话框，在对应的文件夹下选择所有的视频和图像文件，单击"导入所选项"按钮，导入素材对象，如图7-47所示。

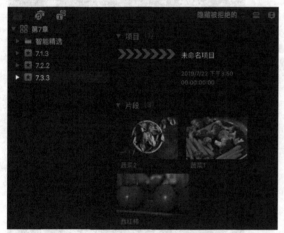

图 7-47

(03) 打开事件中已有的项目文件，然后在"浏览器"窗口中选择所有的视频和图像媒体素材，添加至"磁性时间线"窗口的视频轨道上，如图7-48所示。

图 7-48

(04) 在"事件资源库"窗口中，单击"显示或隐藏'字幕和发生器'边栏"按钮，打开"字幕和发生器"窗口，在左侧列表中选择"字幕"选项，在右侧列表中选择"基本字幕"选项，如图7-49所示。

图 7-49

(05) 将选择的"基本字幕"选项添加至"西红柿"视频片段的上方，并调整字幕片段的时间长度，如图7-50所示。

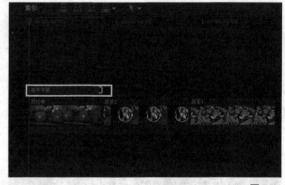

图 7-50

(06) 选择"基本字幕"片段，在"字幕检查器"窗口的"文本"选项区中输入文本"美味西红柿"，如图7-51所示。

(07) 在"基本"选项区中设置文本的"字体"为"汉仪菱心体简"，设置"大小"为"77.0"，如图7-52所示。

(08) 勾选"表面"复选框，单击"显示"文本，显示"表面"选项区，打开"颜色"下拉列表，将颜色设置为黄色（R：238、G：252、B：0），如图 7-53 所示。

图 7-51

图 7-52

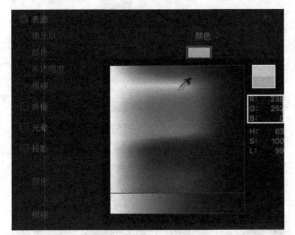

图 7-53

09 勾选"投影"复选框，单击"显示"文本，显示"投影"选项区，修改"不透明度"为"75.0%"、"模糊"为"1.34"、"距离"为"9.0"、"角度"为"315.0°"，如图 7-54 所示。

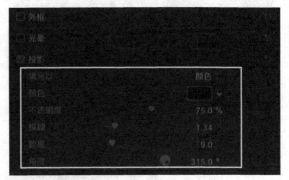

图 7-54

10 完成"基本字幕"的修改工作后，在"监视器"窗口中将"基本字幕"移动至合适的位置，如图 7-55 所示。

图 7-55

11 在"磁性时间线"窗口中选择"基本字幕"，在菜单栏中单击"编辑"|"拷贝"命令，复制字幕，如图 7-56 所示。

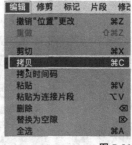

图 7-56

12 将时间线移至第 1 个视频片段的末尾处，然后在菜单栏中单击"编辑"|"粘贴"命令，如图 7-57 所示。

13 上述操作完成后，即可在"蔬菜 2"图像片段的上方复制一个"基本字幕"片段，并调整复制后的字幕片段的时间长度，如图 7-58所示。

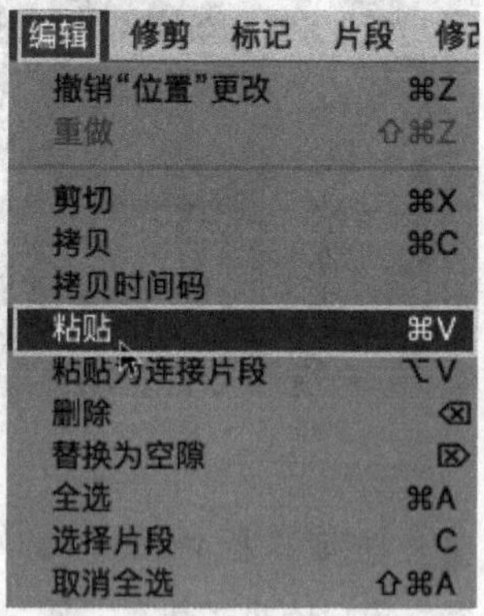

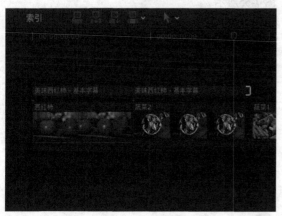

图 7-57

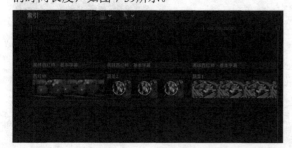

图 7-58

⑭ 使用同样的方法，在"蔬菜1"图像片段的上方复制一个"基本字幕"片段，并调整该字幕片段的时间长度，如图 7-59所示。

图 7-59

⑮ 选择"蔬菜2"图像片段上方的字幕片段，在"字幕检查器"窗口的"文本"选项区中输入垂直文本"绿色青菜"，如图 7-60所示。

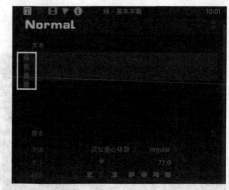

图 7-60

⑯ 在"表面"选项区中，单击"颜色"右侧的颜色块，打开"颜色"窗口，单击"颜色调板"按钮，在打开的下拉列表中选择"白色"，如图 7-61所示。

图 7-61

⑰ 上述操作完成后，即可更改第2个字幕片段的文本内容和颜色，在"监视器"窗口中将"基本字幕"移动至合适的位置，如图 7-62所示。

图 7-62

⑱ 选择"蔬菜1"图像片段上方的字幕片段，在"字幕检查器"窗口的"文本"选项区中输入文本"西蓝花与胡萝卜"，并修改字幕的填充颜色为"洋红"，然后在"监视器"窗口中将"基本字幕"移动至合适的位置，如图7-63所示。

图 7-63

7.4 与Motion的协同工作

在Final Cut Pro X软件中套用了特效字幕后，如果对特效字幕的大小不满意，可以通过Motion软件进行调整。

7.4.1 与Motion协同处理字幕的大小

Motion软件是苹果公司旗下的一款动态视频编辑工具，拥有多种粒子效果，能够轻松完成令人惊叹的3D效果。

Final Cut Pro X与Motion软件联合使用，可以完成视频的剪辑与包装，还可以在软件内部实现任务的交互操作，从而使编辑视频变得更加快捷。

在Motion软件中可以轻松调整Final Cut Pro X软件中特效字幕的大小，具体的方法是：在"字幕和发生器"窗口中选择需要调整大小的特效字幕，单击鼠标右键，打开快捷菜单，选择"在Motion中打开副本"命令，如图7-64所示；打开Motion软件，在软件的"监视器"窗口中选择字幕并进行拖曳，即可调整其大小，如图7-65所示。

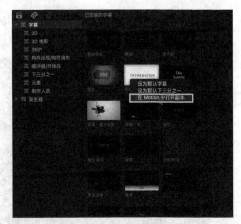

图 7-64

图 7-65

7.4.2 课堂案例——调整字幕大小

实例效果：效果＞资源库＞第7章＞7.4.2
素材位置：素材＞第7章＞7.4.2＞鲜花齐放.mp4
在线视频：第7章＞7.4.2课堂案例——调整字幕大小
实用指数：☆☆☆☆☆
技术掌握：在Motion软件中调整特效字幕的大小

在Motion软件中打开特效字幕，再按住鼠标左键进行拖曳，可以自由调整特效字幕的大小。

⑴ 在"事件资源库"窗口的空白处单击鼠标右键，打开快捷菜单，选择"新建事件"命令，打开"新建事件"对话框，设置"事件名称"为"7.4.2"，其他参数保持默认设置，单击"好"按钮，新建一个事件。

⑵ 在"浏览器"窗口的空白处单击鼠标右键，打开快捷菜单，选择"导入媒体"命令，打开"媒体导入"对话框，在对应的文件夹下选择"鲜花齐

放.mp4"视频文件,单击"导入所选项"按钮,导入素材对象,如图7-66所示。

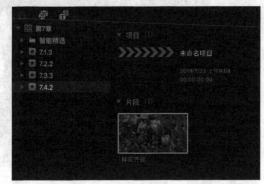

图 7-66

(03) 打开事件中已有的项目文件,然后在"浏览器"窗口中选择所有的媒体素材,添加至"磁性时间线"窗口的视频轨道上,如图7-67所示。

图 7-67

(04) 在"事件资源库"窗口中单击"显示或隐藏'字幕和发生器'边栏"按钮 ,打开"字幕和发生器"窗口,在左侧列表中选择"字幕"|"构件出现/构件消失"选项,然后在右侧列表中选择"小精灵粉末"特效字幕。在选择的特效字幕上单击鼠标右键,打开快捷菜单,选择"在Motion中打开副本"命令,如图7-68所示。

(05) 打开Motion软件,在"监视器"窗口中的文本上会显示变换控制框,将指针移至变换控制框的右下角位置,当指针呈双向箭头形状 时,如图7-69所示,按住鼠标左键并进行拖曳,调整字幕的大小。

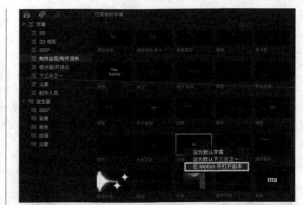

图 7-68

图 7-69

(06) 选择字幕,在"主题"列表中选择"字体"选项,在右侧列表中选择"所有字体"选项,如图7-70所示。

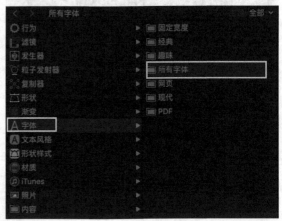

图 7-70

(07) 在"名称"列表中选择"HYe4gi"字体,如图7-71所示。

(08) 在"资源库"窗口中单击"应用"按钮,如图7-72所示,完成字体格式的设置。

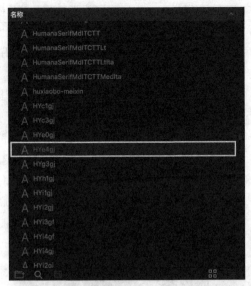

图 7-71

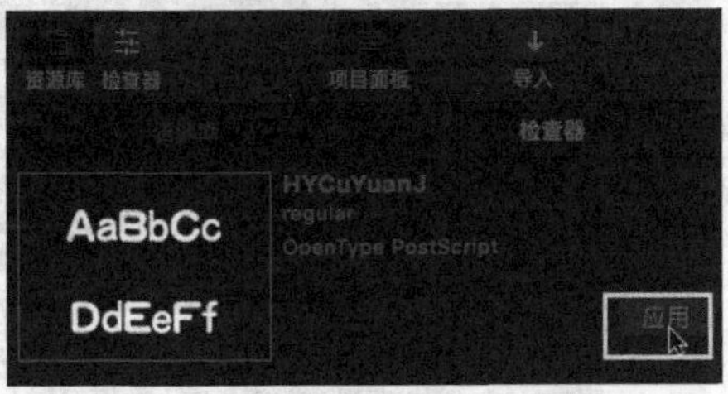

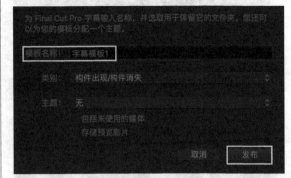

特效字幕,如图7-75所示。

图 7-74

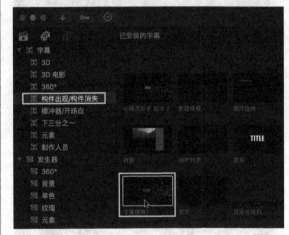

图 7-72

09 在菜单栏中单击"文件"|"存储为"命令,如图7-73所示。

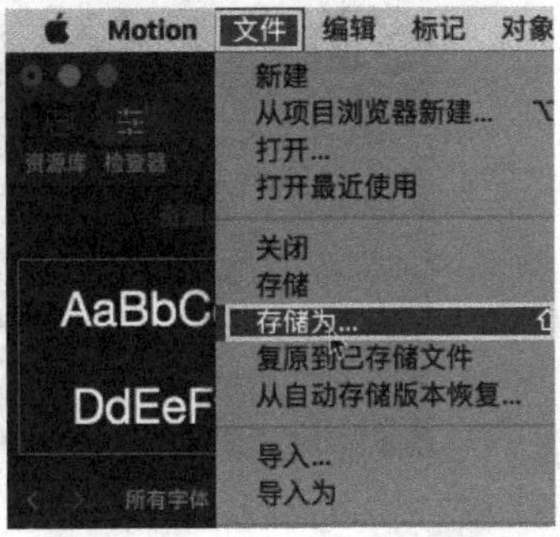

图 7-75

12 将选择的字幕添加至"磁性时间线"窗口的视频轨道上,如图7-76所示。

图 7-73

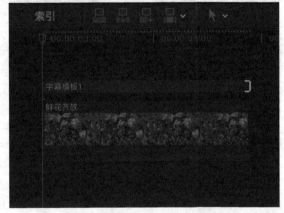

图 7-76

10 在打开的对话框中,设置"模板名称"为"字幕模板1",单击"发布"按钮,如图7-74所示,完成字幕的发布。

11 在Final Cut Pro X软件的"字幕和发生器"窗口中,在左侧列表中选择"字幕"|"构件出现/构件消失"选项,在右侧列表中选择"字幕模板1"

13 在"字幕检查器"窗口中的"文本"选项区中输入文本"百花齐放",并设置"Font"字体为"汉仪粗圆简",如图7-77所示。

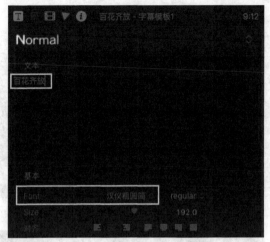

图 7-77

⑭ 在"监视器"窗口中将特效字幕移动至合适的位置,单击"从播放头位置向前播放一空格键"按钮▶,预览字幕效果,如图 7-78所示。

图 7-78

7.5 主题与发生器

Final Cut Pro X软件提供了大量的动态素材与视频模板,直接调用已提供的素材及模板可以方便快捷地进行视频编辑。本节将为各位读者详细讲解主题与发生器的应用方法。

7.5.1 背景发生器

背景发生器中包含单色、纹理等多种背景效果,在视频轨道上通过添加背景发生器片段,可以在其上放置字幕、字幕、视频等效果,从而让视频内容更加丰富多彩。

使用背景发生器的具体方法是:在"字幕和发生器"窗口的左侧列表中选择"背景"选项,在右侧列表中选择相应的背景发生器,如图 7-79所示;按住鼠标左键并进行拖曳,将其添加至时间线上即可,背景发生器的应用效果如图 7-80所示。

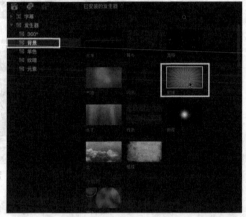

图 7-79

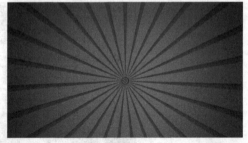

图 7-80

7.5.2 时间码发生器及纹理发生器

"字幕和发生器"窗口的"纹理"和"元素"列表框中包含了各种纹理和时间码发生器效果,用户可以直接在列表框中进行添加使用。

1. 时间码发生器

时间码发生器用于显示视频片段的整体时间,

通过时间码，各个部门的工作人员可以方便地对影片进行全面检查，根据时间码汇总意见进行修订。

使用时间码发生器的具体方法是：在"字幕和发生器"窗口的左侧列表中选择"元素"选项，然后在右侧列表中选择"时间码"发生器，如图7-81所示；按住鼠标左键进行拖曳，将其添加至时间线上即可，时间码发生器的应用效果如图7-82所示。

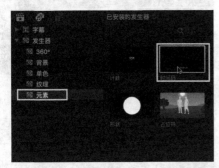

图 7-81

图 7-82

2. 纹理发生器

使用纹理发生器的具体方法是：在"字幕和发生器"窗口的左侧列表中选择"纹理"选项，然后在右侧列表中自行选择一种纹理发生器，如图7-83所示；按住鼠标左键进行拖曳，将其添加至时间线上即可。

图 7-83

7.5.3 使用复合片段

Final Cut Pro X软件中的"复合片段"功能与其他剪辑软件中的"序列嵌套"功能很相似。复合片段可以将所选部分的片段进行打包，组成一个新的片段。当对一个相对复杂的影片进行剪辑时，为了避免对时间线中的多层片段进行误操作，或是在需要多人进行合作剪辑的情况下为了便于观察与整合，都会对时间线中的片段进行整理，将其制作成复合片段。

创建复合片段的方法有以下几种。

- 在时间线上框选视频片段后单击鼠标右键，打开快捷菜单，选择"新建复合片段"命令，如图7-84所示。

图 7-84

- 在菜单栏中单击"文件"|"新建"|"复合片段"命令，如图7-85所示。

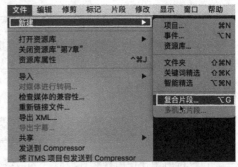

图 7-85

- 按快捷键"Option+G"。

执行以上任意一种方法，均可以打开"新建复合片段"对话框，如图7-86所示。在对话框中设置复合片段名称和事件，单击"好"按钮即可新建复合片段。

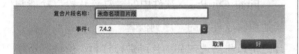

图 7-86

在创建好复合片段后，所选片段就会被打包成一个完整的片段，左上角的名称也会发生改变，如图7-87所示。在"事件浏览器"窗口中也相应创建一个与"磁性时间线"窗口中的项目相同的复合片段，左上角有一个黑色的复合片段标志，如图7-88所示。

图 7-87

图 7-88

技巧与提示

在框选片段时，如果既包含了主要故事情节中的片段，也包含了次级故事情节中的片段，那么在新建复合片段时，所有片段都会排列在同一条时间线上。

7.5.4 使用占位符

占位符用于在使用视频片段时（为最终内容提供了线索）填充项目中的空隙的情况。占位符可以用来表示各种标准镜头，如特写、组、宽镜头等。

使用占位符的方法很简单：用户只需要在"字幕和发生器"窗口的左侧列表中选择"元素"选项，再在右侧列表中选择"占位符"发生器，如图7-89所示；按住鼠标左键并进行拖曳，将其添加至时间线上即可。

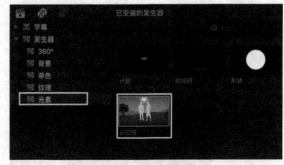

图 7-89

7.5.5 课堂案例——制作时间码

实例效果：效果＞资源库＞第7章＞7.5.5	
素材位置：素材＞第7章＞7.5.5＞玩平板.mp4	
在线视频：第7章＞7.5.5 课堂案例——制作时间码	
实用指数：☆☆☆☆	
技术掌握：制作时间码	

本案例需要使用"发生器"功能，将"时间码"和"字幕"发生器依次添加到时间线中，从而使视频画面更加丰富。具体操作步骤如下。

01 在"事件资源库"窗口的空白处单击鼠标右键，打开快捷菜单，选择"新建事件"命令，打开"新建事件"对话框，设置"事件名称"为"7.5.5"，其他参数保持默认设置，单击"好"按钮，新建一个事件。

02 在"浏览器"窗口的空白处单击鼠标右键，打开快捷菜单，选择"导入媒体"命令，打开"媒体导入"对话框，在对应的文件夹下选择"玩平板.mp4"视频文件，单击"导入所选项"按钮，导入素材对象，如图7-90所示。

03 打开事件中已有的项目文件，然后在"浏览器"窗口中选择所有的媒体素材，添加至"磁性时间线"窗口的视频轨道上，如图7-91所示。

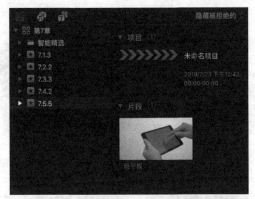

图 7-90

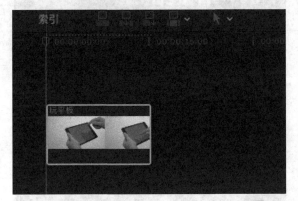

图 7-91

04 在"事件资源库"窗口中单击"显示或隐藏'字幕和发生器'边栏"按钮 ，打开"字幕和发生器"窗口，在左侧列表中选择"字幕"选项，然后在右侧列表中选择"文本间距 3D"特效字幕，如图 7-92 所示。

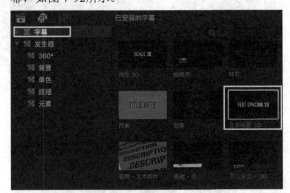

图 7-92

05 将选择的"文本间距 3D"特效字幕添加至时间线的次级故事情节上，然后调整新添加的字幕片段的时间长度，如图 7-93 所示。

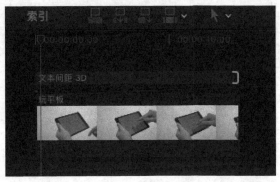

图 7-93

06 在"字幕检查器"窗口的"文本"选项区中输入文本"平板电脑"，并设置"大小"为"169.0"，如图 7-94 所示，完成对字幕内容的调整。

07 在"监视器"窗口中，将特效字幕移动至合适的位置，如图 7-95 所示。

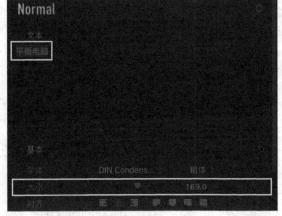

图 7-94

图 7-95

08 在"字幕和发生器"窗口中，在左侧列表中选择"元素"选项，然后在右侧列表中选择"时间码"发生器，如图 7-96 所示。

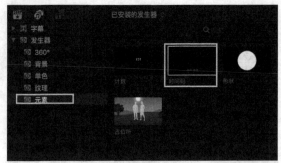

图 7-96

⑨ 将选择的"时间码"发生器添加至"磁性时间线"窗口的字幕片段的上方，然后调整新添加的"时间码"片段的时间长度，如图7-97所示。

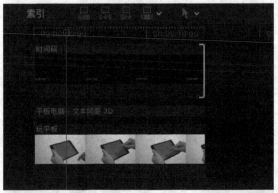

图 7-97

⑩ 选择"时间码"片段，在"发生器检查器"窗口中修改"Label"为"时间"、修改"Font Color"为"红色"、修改"Background Color"为"白色"，如图7-98所示。

图 7-98

⑪ 在"监视器"窗口中将时间码移动至合适的位置，单击"从播放头位置向前播放—空格键"按钮 ▶，预览时间码效果，如图7-99所示。

图 7-99

7.6 本章小结

本章主要学习了，在Final Cut Pro X软件中如何应用各种基本字幕与特效字幕。只有熟练掌握了字幕的相关操作，才能快速地在视频画面中添加丰富的字幕效果。在学习了字幕编辑相关的知识和操作后，我们可以在以后的视频编辑工作中为画面添加文字信息说明和特殊字幕效果，从而为影片增添新的元素，给观众带来良好的视觉体验。

7.7 课后习题

7.7.1 课后习题——制作标题字幕

实例效果：效果＞资源库＞第7章＞课后习题1
素材位置：素材＞第7章＞课后习题＞果实累累.mp4
在线视频：第7章＞7.7.1 课后习题——制作标题字幕
实用指数：☆☆☆
技术掌握：标题字幕的制作与应用

本习题主要练习在Final Cut Pro X软件中如何运用"字幕发生器"功能在视频片段上制作标题字幕，效果如图7-100所示。

图 7-100

分解步骤如图 7-101 所示。

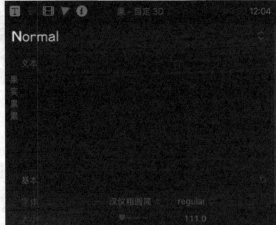

图 7-101

7.7.2 课后习题——修改字幕基本格式

实例效果：效果＞资源库＞第7章＞课后习题2	
素材位置：素材＞第7章＞课后习题＞树之语.mp4	
在线视频：第7章＞7.7.2 课后习题——修改字幕基本格式	
实用指数：☆☆☆☆	
技术掌握：字幕基本格式的设置和修改	

　　本习题主要练习在Final Cut Pro X软件中如何运用"连接字幕"功能在视频片段上添加字幕效果，并对字幕的基本格式进行设置和修改，如图 7-102所示。

图 7-102

分解步骤如图 7-103所示。

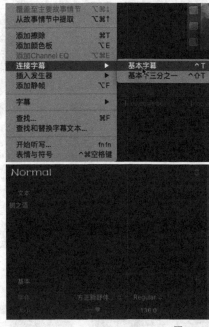

图 7-103

第**8**章

音频效果

─── 内容摘要 ───

影片中的声音与画面效果同样重要，将影片画面与音频效果完美地结合起来，才能增强影片的质感与真实感，从而将观众更好地带入故事情节中，使他们获得身临其境的感受和良好的视听体验。在编辑音频素材时，要控制好音量的电平、声相和通道，并合理使用音频效果，这样才能处理好音频素材，使其更具质感。因此，本章将为各位读者详细讲解视频剪辑中音频应用的具体方法。

课堂学习目标

- 电平的控制
- 修剪音频片段
- 控制声相与通道
- 音频效果的使用

8.1 电平的控制

电平是衡量声音大小的一个指标，一般而言，声音的大小不要超过0dB。本节将为各位读者详细讲解电平的控制方法，包括手动调整音量、添加音频过渡效果等。

8.1.1 认识音频指示器

在Final Cut Pro X软件中，使用音频指示器可显示音频片段的音量，并在特定片段或部分片段达到峰值电平时（可能会导致音频失真）向用户发出警告。

在使用音频指示器查看音量之前，需要先打开"音频指示器"窗口，打开方法是在菜单栏中单击"窗口"|"在工作区中显示"|"音频指示器"命令，如图 8-1所示。当播放音频素材时，窗口中会显示绿色的跳动块，如图 8-2所示。

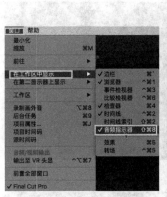

图 8-1　　　　　　　图 8-2

音频指示器包含L和R两个音频通道，左侧的数字显示音量的高低，单位为分贝，用dB表示。在播放标准中应该控制片段音量在0dB以下。在播放音频素材时，绿色跳动块表示当前播放片段的音量。绿色跳动块上方有一条跟随一起跳动的横线，该横线为"峰值标线"，表示这个段落最高峰时电平所处的位置。

音频片段在播放期间达到峰值电平时，电平颜色将从绿色变为黄色，如图 8-3所示。当音频片段超过峰值电平时，电平颜色将从黄色变为红色，且相应音频通道或通道的峰值指示器也会变为红色，如图 8-4所示。

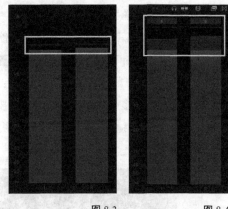

图 8-3　　　　　　　图 8-4

> **技巧与提示**
>
> 音频指示器的主要功能是提供项目的总体混合输出音量。播放音频素材时，音频指示器中的通道会发生与音量大小相对应的动态变化。

8.1.2 手动调整音量

在时间线中添加音频素材后，可以对音频的音量高低进行整体和关键帧调整操作。

1. 手动整体调整音频音量

观察时间线中的片段，音频片段中会显示一条灰色的水平线，即"音量控制线"。将指针悬停在控制线上，指针会变为上下的双箭头形状，按住鼠标左键并向上或向下拖曳音量控制线，可以整体调高或降低当前片段的音量，如图 8-5所示。

图 8-5

> **技巧与提示**
>
> 在拖曳音量控制线时，最大值为12dB，即在原音量的基础上增加到12dB，最小值为负无穷。

2. 通过关键帧调整音频音量

通过手动创建关键帧的形式，可以对某一区域中的音频音量进行调整。

按住"Option"键的同时，将指针悬停在音频控制线上，此时指针下方将出现一个标志▣，如图8-6所示，此时单击鼠标左键，该位置就会包含一个关键帧。在完成多个关键帧的添加后，按住鼠标左键，上下拖曳关键帧之间的音频控制线调整音量，如图8-7所示。

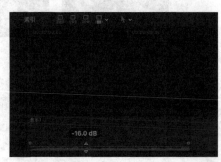

图 8-6

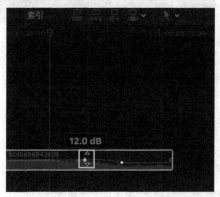

图 8-7

技巧与提示

选择创建的关键帧，按住鼠标左键进行左右拖曳可以调整关键帧的位置。

8.1.3 音频片段间的过渡效果

声音一般分为4个阶段，分别是一开始时由无声到最大音量的上升阶段，声音开始降低的衰退阶段，声音延续的保持阶段，声音逐渐消失的释放阶段。这4个阶段在音波中显示为一个连贯的过程，但在编辑过程中，由于对片段进行了整理与分割，

声音会在开始和结束位置被突兀地截断。针对这一情况，可以通过在音频片段的开始和结束位置添加音频过渡效果来优化两个音频片段之间生硬的连接。在单个音频片段的开始和结尾添加交叉渐变的过渡效果，可以使声音产生淡入淡出的效果。

音频片段间的过渡效果可以直接在单个音频片段上进行添加，也可以在两个相邻片段之间进行添加。下面就为各位读者讲解音频片段中过渡效果的添加方法。

1. 单个音频片段上添加

将指针悬停在音频片段的滑块上，待指针变成左右箭头的形状后，按住鼠标左键并向右拖移滑块，上方的时间码会显示当前调整的帧数，如图8-8所示。与编辑点的距离越长，创建的渐变长度也就越长，音频之间的过渡就越柔和。

在滑块上单击鼠标右键，或在按住"Control"键的同时单击滑块，在打开的快捷菜单中可以对渐变效果的类型进行切换，如图8-9所示。

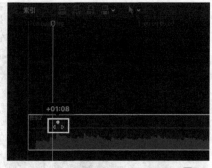

图 8-8

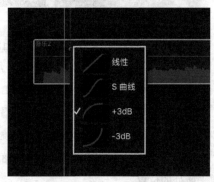

图 8-9

在"渐变效果"列表框中，各主要选项的含义如下。

• "线性"：设置后，渐变过渡效果为具有上升

或下降趋势的直线,渐变的过程是均匀的。

- "S曲线":使用该渐变过渡效果后,音频是渐入渐出的声音效果,是一款适用于音频在开始渐显与结尾渐隐的效果。
- "+3dB":该选项是默认的渐变过渡效果,也称为快速渐变,主要适用于片段之间的渐变过渡,可以使编辑点上的音频过渡得更加自然。
- "−3dB":该渐变过渡效果也称为慢速渐变,通过创建声音慢慢消退的效果来掩盖片段中明显的杂音。

2. 两个相邻音频片段上添加

当两个相邻音频片段之间的过渡过于生硬且不够流畅时,可以通过拖移片段两侧的滑块来制作渐变效果。具体的操作方法是:分别选择音频片段相邻的编辑点进行拖移,将其拉长,然后将指针悬停在片段中音频调整线的开始或结束位置,会显示白色的音量控制滑块 ⑩,按住鼠标左键并拖移滑块以创建渐变,如图8-10所示。

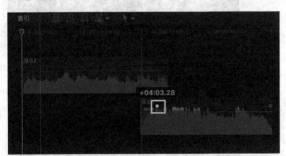

图 8-10

如果需要调整音频渐变过渡的持续时间,可以按空格键播放音频,然后左右拖移滑块进行调整,如图8-11所示。

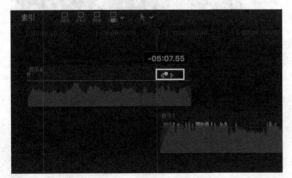

图 8-11

3. 通过菜单命令添加

在音频片段之间还可以添加"交叉叠化"转场,通过该过渡转场可以有效地弱化音频连接点之间的差别。具体的操作方法是:单击音频片段之间的编辑点,如图8-12所示;在菜单栏中单击"编辑"|"添加交叉叠化"命令,或按快捷键"Command+T",在两个音频之间添加一个"交叉叠化"转场效果,并自动将片段创建成次级故事情节,如图8-13所示。

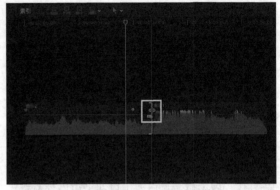

图 8-12

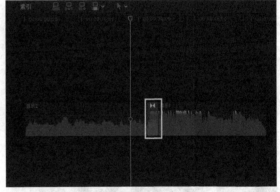

图 8-13

在添加了"交叉叠化"转场效果后,可以在"转场检查器"窗口中对音频的"淡入类型"和"淡出类型"等属性进行设置,如图8-14所示。

图 8-14

8.1.4 课堂案例——音频的过渡处理

实例效果：效果＞资源库＞第8章＞8.1.4

素材位置：素材＞第8章＞8.1.4＞鲜花绽放.mp4、音乐1.mp3

在线视频：第8章＞8.1.4 课堂案例——音频的过渡处理

实用指数：☆☆☆☆☆

技术掌握：音频的过渡处理

为了使音频具备更好的视听效果，可以先适当调整音频的音量，然后在两个音频片段之间添加过渡效果。

(01) 新建一个资源库，将其命名为"第8章"。在"事件资源库"窗口的空白处单击鼠标右键，打开快捷菜单，选择"新建事件"命令，打开"新建事件"对话框，设置"事件名称"为"8.1.4"，其他参数保持默认设置，单击"好"按钮，新建一个事件。

(02) 在"浏览器"窗口的空白处单击鼠标右键，打开快捷菜单，选择"导入媒体"命令，打开"媒体导入"对话框，在对应的文件夹下选择"鲜花绽放.mp4"视频文件和"音乐1.mp3"音频文件，单击"导入所选项"按钮，导入所选的视频和音频文件，如图 8-15所示。

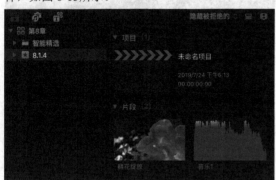

图 8-15

(03) 在"浏览器"窗口中选择"鲜花绽放.mp4"视频素材，将其添加至"磁性时间线"窗口的视频轨道上，将"音乐1.mp3"音频素材添加至视频片段的下方，并调整音频素材的时间长度，使其与视频素材的时间长度一致，如图8-16所示。

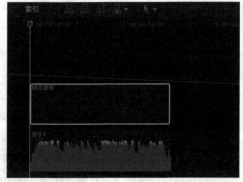

图 8-16

(04) 将时间线移至00:00:07:11位置处，在工具栏中选择"切割"工具，如图 8-17所示。

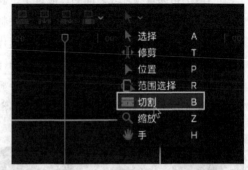

图 8-17

(05) 在时间线位置单击鼠标左键，即可将音频素材拆分为两个音频片段，如图8-18所示。

图 8-18

(06) 在工具栏中选择"选择"工具，然后将指针移至左侧音频片段的音量控制线上，向下拖曳控制线，适当降低音频片段的音量，如图 8-19所示。

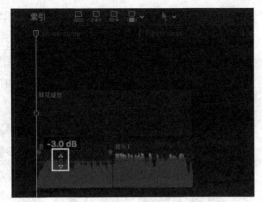

图 8-19

07 按住"Option"键的同时,将指针悬停在右侧音频片段的音量控制线上,待指针下方出现一个带有"+"符号的菱形标志后单击鼠标左键,添加多个关键帧,然后在关键帧上按住鼠标左键进行拖曳,调整关键帧的音量,如图 8-20所示。

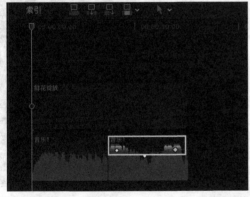

图 8-20

08 将指针悬停在左侧音频片段的左侧滑块上,则光标会变为左右箭头的形状,按住鼠标左键并向右拖移滑块,添加音频渐变效果,如图 8-21所示。

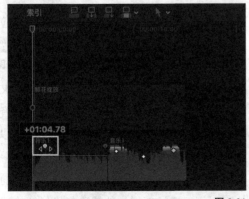

图 8-21

09 将鼠标指针悬停在右侧音频片段的右侧滑块上,则鼠标指针会变为左右箭头的形状,按住鼠标左键并向左拖移滑块,添加音频渐变效果,如图 8-22所示。

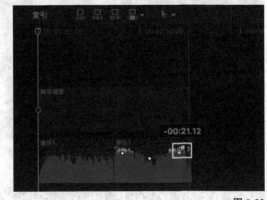

图 8-22

10 将指针移至两个音频片段中间的编辑点上,在菜单栏中单击"编辑"|"添加交叉叠化"命令,如图 8-23所示。

图 8-23

11 上述操作完成后,即可在两个音频片段中间添加"交叉淡化"转场效果,如图 8-24所示。

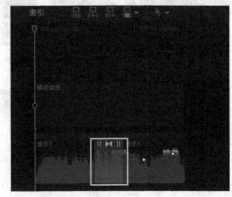

图 8-24

⑫ 完成音频的过渡处理后，在"监视器"窗口中单击"从播放头位置向前播放—空格键"按钮 ▶，即可试听音乐效果，视频画面效果如图8-25所示。

图 8-25

8.2 修剪音频片段

音频片段与视频片段一样，都可以经过剪辑处理来使其更加符合所需。本节将为各位读者详细讲解音频片段的修剪方法，包括剪辑处理音频片段、设置音频采样率等操作。

8.2.1 音频片段的剪辑处理

在Final Cut Pro X软件中，剪辑音频片段的方法与剪辑视频片段的方法类似。将指针移至音频片段的末尾，按住鼠标左键并向左拖曳，即可剪辑音频片段，如图8-26所示。

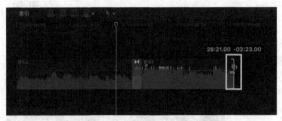

图 8-26

8.2.2 音频采样频率的设置

音频的采样率是指录音设备在1秒钟内对声音信号的采样次数，采样频率越高声音的还原度就越高，声音就会更加真实和自然。目前，常用的音频采样频率一般分为11025Hz、22050Hz、24000Hz、

44100Hz和48000Hz这5个等级。其中，11025Hz能达到AM调幅广播级别的声音品质，22050Hz和24000Hz能达到FM调频广播级别的声音品质，44100Hz则是理论上的CD音质界限，而48000Hz相较于其他等级会更加精确一些。

在"信息检查器"窗口中可以查看到"音频采样速率"参数，如图8-27所示。如果需要更改该参数，可以在菜单栏中单击"窗口"|"项目属性"命令，然后在"信息检查器"窗口中单击"修改"按钮，打开"项目设置"对话框，在"采样率"列表框中选择采样率选项即可，如图8-28所示。

图 8-27

图 8-28

当"音频采样速率"参数显示为"44.1kHz"时，意味着该音频片段每秒钟采集44100份音频样本。如果想将每份音频样本对应到帧，则可以采用公式：44100份/25帧=1764份/帧。

在Final Cut Pro X软件中，增强了音频剪辑功能后，可以通过新增加的精确度将每帧的视频画面精细编辑到1/80个单位。如果要实现1/80帧的移动，可以在按住"Command"键的同时按方向键进行移动。

8.2.3 课堂案例——剪辑音频片段

实例效果：效果＞资源库＞第8章＞8.2.3	
素材位置：素材＞第8章＞8.2.3＞香甜苹果.mp4、音乐2.mp3	
在线视频：第8章＞8.2.3 课堂案例——剪辑音频片段	
实用指数：☆☆☆☆☆	
技术掌握：剪辑音频片段	

在时间线中添加音频素材后，如果觉得音频素材过长，可以对音频素材进行剪辑处理。具体操作步骤如下。

⓪① 在"事件资源库"窗口的空白处单击鼠标右键，打开快捷菜单，选择"新建事件"命令，打开"新建事件"对话框，设置"事件名称"为"8.2.3"，其他参数保持默认设置，单击"好"按钮，新建一个事件。

⓪② 在"浏览器"窗口的空白处单击鼠标右键，打开快捷菜单，选择"导入媒体"命令，打开"媒体导入"对话框，在对应的文件夹下选择"香甜苹果.mp4"视频文件和"音乐2.mp3"音频文件，单击"导入所选项"按钮，导入所选的视频和音频素材，如图8-29所示。

图 8-29

⓪③ 打开已有的项目文件，选择"浏览器"窗口中的视频和音频素材，将其依次添加至"磁性时间线"窗口的视频轨道上，如图8-30所示。

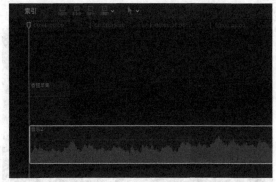

图 8-30

⓪④ 选择音频片段，将指针移至音频片段的末尾处，当指针变为形状 🖐 时，按住鼠标左键并向左拖曳，如图8-31所示。

图 8-31

⓪⑤ 将音频片段拖曳至视频片段的末尾处后释放鼠标左键，即可剪辑音频素材，如图8-32所示。

图 8-32

⓪⑥ 选择音频片段，将指针悬停在音频片段的左侧滑块上，按住鼠标左键并向右拖曳滑块，添加音

频渐变效果，如图8-33所示。

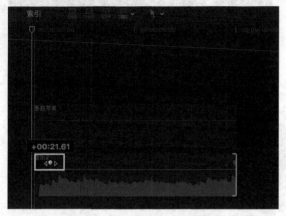

图 8-33

07 将指针悬停在音频片段的右侧滑块上，按住鼠标左键并向左拖移滑块，添加音频渐变效果，如图8-34所示。

图 8-34

08 完成音频的剪辑操作后，在"监视器"窗口中单击"从播放头位置向前播放—空格键"按钮 ，即可试听音乐效果，视频画面效果如图8-35所示。

图 8-35

8.3 控制声相与通道

随着硬件技术的发展，越来越多的播放端开始支持2.0声道、2.1声道甚至是5.1声道。不管是立体声或是环绕声，都要求声音具备立体空间感。要使声音具有立体空间感，就需要控制声音的声相与通道。本节就为各位读者详细讲解控制声相与通道的方法。

8.3.1 制作立体声相

声相模式类似于一种能够控制声音信号在音频通道中输出位置的设置。通过声相模式可以快速地改变声音的定位，制作出一种立体的空间感，让画面与声音能够更好地融合。

在时间线中选择音频片段，在"监视器"窗口的右边将显示当前项目的音频设置为"立体声"，如图8-36所示，

隐藏被拒绝的　720p HD 23.98p 立体声

图 8-36

如果当前项目的音频设置不是立体声，就需要对声相模式进行更改。具体的操作方法是：选择时间线中的音频片段，然后在"音频检查器"窗口的"声相"选项区中单击"模式"右侧的三角按钮 ，打开下拉列表，选择"立体声左/右"选项，完成立体声相模式的切换，如图8-37所示；当"声相"选项区中的"数量"参数为"0"时，表示当前左右声道中的声音为平衡状态，如图8-38所示。

图 8-37

图 8-38

在"数量"右侧的滑块上按住鼠标左键并向左拖移至"−100.0"，则播放音频片段时会发现声音只有在左边的音箱可以听到，如图8-39所示；在"数量"右侧的滑块上按住鼠标左键并向右拖移至"100.0"，则播放音频片段时会发现声音只有在右边的音箱可以听到，如图8-40所示。

图 8-39

图 8-40

如果要制作立体声效果，可以在向左或向右拖移"数量"滑块后单击"添加关键帧"按钮 ■，添加多个关键帧，即可实现立体声的制作。

8.3.2 制作环绕声相

除了可以对音频进行立体声的设置外，还可以对其进行环绕声的设置，或者在立体声与环绕声之间进行转换。

更改为环绕声的方法很简单：用户只需要在菜单栏中单击"窗口"|"项目属性"命令，打开"信息检查器"窗口，单击"修改"按钮，如图8-41所示；打开"项目设置"对话框，在"音频"列表中选择"环绕声"命令，如图8-42所示，即可完成音频环绕声的设置。

图 8-41

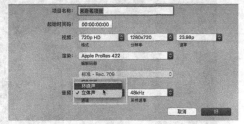

图 8-42

在应用了环绕声模式后，"音频指示器"窗口的音频通道会从原来的2个扩展为6个，分别为左环绕（Ls）、左（L）、中（C）、右（R）、右环绕（Rs）和低音（LEF）通道，如图8-43所示。

图 8-43

在播放音频时，"音频指示器"窗口中只有左右音频通道有音量变化，此时可以在"音频检查器"窗口的"模式"列表框中选择"基本环绕声"选项，如图 8-44所示。在切换到"基本环绕声"模式后，在"声相"选项区中将显示"环绕声声相器"，声相器中的5个喇叭形状分别代表左环绕、左、中、右、右环绕5个音频通道，拖移声相器中心的圆形滑块，音频通道的彩色弧形会沿着圆周滑动，改变位置。与此同时，喇叭图标中灰色圆点的数量也会发生变化，圆点数量越多表示该音频通道的声音越大，如图 8-45所示。

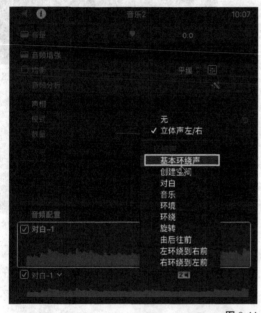

图 8-44

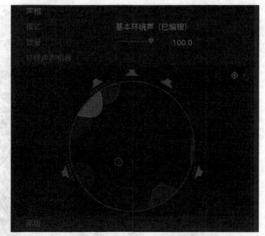

图 8-45

8.3.3 音频通道的管理

当音频片段拥有两个及以上的音频通道时，利用"音频检查器"窗口中的"音频配置"选项区可以对多个声道进行控制，选择性地进行启用与屏蔽。

在"音频检查器"窗口的"音频配置"选项区中单击"立体声"右侧的三角按钮 立体声，打开下拉列表，选择合适的声道，如图 8-46所示，即可更改音频的声道。如果需要屏蔽音频声道，则可以在音频通道前取消勾选复选框，如图 8-47所示，完成对该声道的屏蔽操作。

图 8-46

图 8-47

技巧与提示

如果要启用"声道"功能，则可以在音频通道前勾选复选框。

8.3.4 课堂案例——为音频添加立体环绕效果

实例效果：效果＞资源库＞第8章＞8.3.4
素材位置：素材＞第8章＞8.3.4＞向日葵.mp4、音乐3.mp3
在线视频：第8章＞8.3.4 课堂案例——为音频添加立体环绕效果
实用指数：☆☆☆☆
技术掌握：为音频添加立体环绕效果

本案例需要将多个音频片段设置为立体声和环绕声效果，然后将各种声音组合在一个项目中，以

得到新的声音效果。具体操作步骤如下。

① 在"事件资源库"窗口的空白处单击鼠标右键，打开快捷菜单，选择"新建事件"命令，打开"新建事件"对话框，设置"事件名称"为"8.3.4"，其他参数保持默认设置，单击"好"按钮，新建一个事件。

② 在"浏览器"窗口的空白处单击鼠标右键，打开快捷菜单，选择"导入媒体"命令，打开"媒体导入"对话框，在对应的文件夹下选择"向日葵.mp4"视频文件和"音乐3.mp3"音频文件，单击"导入所选项"按钮，导入所选的视频和音频素材，如图8-48所示。

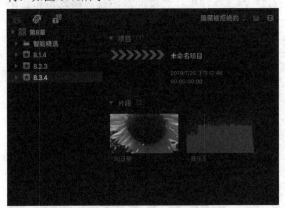

图 8-48

③ 打开已有的项目文件，将"浏览器"窗口中的视频和音频素材依次添加至"磁性时间线"窗口的视频轨道上，如图8-49所示。

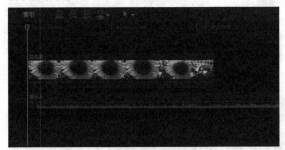

图 8-49

④ 选择音频片段，将指针移至音频片段的末尾处，当指针呈形状 ↦ 时，按住鼠标左键并向左拖曳至视频片段的末尾处，释放鼠标左键，即可剪辑

音频素材，如图8-50所示。

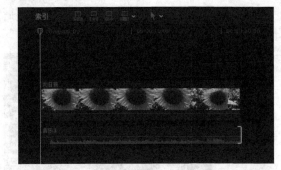

图 8-50

⑤ 将时间线移至00:00:10:04位置处，在工具栏中单击"切割"工具 ▇，如图8-51所示。

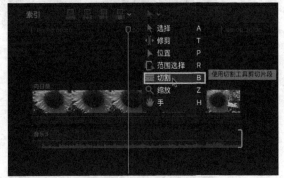

图 8-51

⑥ 在时间线位置的音频片段上单击鼠标左键，即可分割音频片段，如图8-52所示。

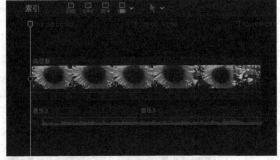

图 8-52

⑦ 选择左侧的音频片段，在"音频检查器"窗口的"声相"选项区中单击"模式"右侧的三角按钮 ▇，打开下拉列表，选择"立体声左/右"选项，如图8-53所示。

⑧ 将时间线移至00:00:00:21位置处，在"音频检

查器"窗口的"声相"选项区中修改"数量"为"–100.0",然后单击"添加关键帧"按钮 ■ 添加一个关键帧,如图 8-54所示。

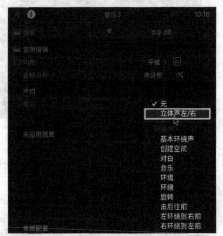

图 8-53

图 8-54

09 将时间线移至00:00:08:18位置处,在"音频检查器"窗口的"声相"选项区中修改"数量"为"100.0",然后单击"添加关键帧"按钮 ■ 添加一个关键帧,如图 8-55所示,完成左侧音频片段立体声效果的制作。

图 8-55

10 选择右侧的音频片段,在"音频检查器"窗口的"声相"选项区中单击"模式"右侧的三角按钮 ■,打开下拉列表,选择"基本环绕声"选项,如图 8-56所示。

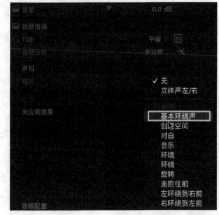

图 8-56

11 在"声相"选项区的声相器中拖移声相器中心的圆形滑块,调整各个音频通道的声音,如图8-57所示,完成环绕声的制作。

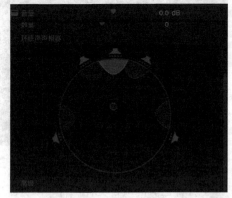

图 8-57

12 完成立体环绕效果的制作后,在"监视器"窗口中单击"从播放头位置向前播放—空格键"按钮 ■,即可试听音乐效果,视频画面效果如图 8-58所示。

图 8-58

8.4 音频效果的使用

Final Cut Pro X软件为用户提供了丰富的音频效果，通过这些音频效果可以制作出EQ、回声、失真等声音效果。本节将为各位读者介绍一些常用的音频效果。

8.4.1 电平音频效果

电平音频效果用于将焦点和入出点添加到片段中，达到音频感知响度的控制目的。在"效果浏览器"面板的"电平"列表框中包含了众多电平音频效果，如图8-59所示。

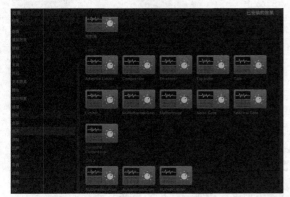

图 8-59

在"电平"音频效果列表框中，常用的音频效果有Adaptive Limiter、Compressor、Enveloper、Expander等。下面对一些常用的音频效果进行介绍。

- "Adaptive Limiter"（自适应限幅器）：该音频效果可用于控制声音的感知响度，可以对信号的声音进行轻微着色。它通过取整和平滑低信号峰值，产生与强力驱动的模拟放大器相似的效果。

- "Compressor"（压缩器）：该音频效果可以模仿专业级压缩器的声音和响应。在使用该音频效果后可以使音频变得紧密，同时将力度平滑化，并提高整体音量。

- "Enveloper"（包封机）：该音频效果不同于寻常的处理器，用于调整信号的起音和释音相位。

- "Expander"（扩展器）：该音频效果与"Compressor"效果相似，可以为音频信号添加活力和朝气，在使用该音频效果后可以提高临界值音量以上的力度变化范围。

- "Gain"（增益）：该音频效果用于提高（或降低）音频信号的特定分贝量。

- "Limiter"（限幅器）：该音频效果可以高于临界值的任何峰值降低为临界值音量，并将音频信号限制在此音量上，一般在录制母带时使用。

- "Multichannel Gain"（通道增益）：该音频效果用于分别控制环绕声混音中各个通道的增益和相位。

- "Multipressor"（增压）：该音频效果用于在特定频段中使用较高的压缩比率，使音频获得平均音量，并听到非自然信号。

- "Noise Gate"（噪声门）：该音频效果用于在音频信号处于低电平移除背景噪声、其他信号来源的干扰及低电平的杂音。

- "Spectral Gate"（光谱门）：该音频效果用于设计创造性的声音，是一种独特的滤波器效果。

- "Surround Compressor"（环绕立体声压缩）：该音频效果是在Compressor的基础上，专为压缩完全环绕声混音而设计的。

8.4.2 调制音频效果

调制音频效果用于给声音增添动感和深度，还可以让传入的信号延迟几毫秒。在"效果浏览器"面板的"调制"列表框中包含了众多调制音频效果，如图8-60所示。

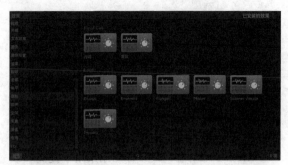

图 8-60

下面对"调制"列表框中常用的音频效果进行介绍。

- "Chorus"（合唱）：该音频效果用于延迟原始信号，并将延迟的调制信号与原始干声信号混合。

- "Ensemble"（合奏）：该音频效果用于为声音增添饱满度和动感，还可以用于声部之间较强的音高变化，从而使处理后的素材产生失谐的音色。

- "Flanger"（镶边效果器）：该音频效果用于向输入信号添加空间或水下效果。与"Chorus"效果的工作方式大体相同，但使用的延迟时间要短得多。

- "Phaser"（相位器）：该音频效果用于结合原始信号与略微偏离原始信号相位的拷贝信号。

- "Scanner Vibrato"（扫描仪颤音）：该音频效果用于模拟哈蒙德风琴的扫描器抖音部分。

- "Tremolo"（颤音）：该音频效果用于调制传入信号的振幅，使其产生周期性音量变化。

8.4.3 回声音频效果

回声音频效果可以储存输入信号，让信号在推迟一小段时间后进行音频效果的输入或输出。使用该音频效果后可以在一定的时间段后重复保持和延迟信号，从而创建重复的回声效果或延迟。在"效果浏览器"窗口的"回声"列表框中包含了众多回声音频效果，如图8-61所示。

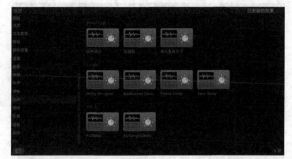

图 8-61

下面对"回声"列表框中常用的音频效果进行介绍。

- "Delay Designer"（延迟设计器）：该音频效果是最多可以提供26个拍子的多节拍延迟效果。

- "Modulation Delay"（调制延时）：该音频效果用于制作出合唱、镶边、共鸣或双音效果。

- "Stereo Delay"（立体声延迟）：该音频效果可用来单独设定左右通道的延迟、反馈和混音参数。

- "Tape Delay"（磁带延迟）：该音频效果用于模拟老式磁带回声机的声音。

8.4.4 空间音频效果

空间音频效果可用来模拟房间、音乐厅、洞窟或空旷场所等多种原声环境的声音。在"效果浏览器"面板的"空间"列表框中包含了众多空间音频效果，如图8-62所示。

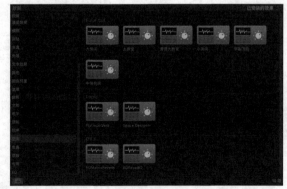

图 8-62

8.4.5 失真音频效果

失真音频效果可以模拟由电子管、晶体管或数码电路产生的失真效果，还可以进行音频的转换操作。在"效果浏览器"面板的"失真"列表框中包含了众多失真音频效果，如图8-63所示。

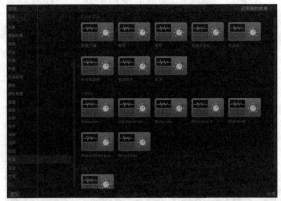

图 8-63

下面对"失真"列表框中常用的音频效果进行介绍。

- "Bitcrusher"（"哔哔"声）：该音频效果用于模拟早期数码音频设备的声音，还用来创建人造假信号。

- "Clip Distortion"（剪辑失真）：该音频效果用于模仿过载电子管产生的温暖声音，还可以生成严重失真效果。

- "Distortion"（失真）：该音频效果可以模仿双极晶体管生成的失真效果。

- "Distortion II"（失真II）：该音频效果可以模拟哈蒙德B3风琴的失真电路。

- "Overdrive"（过载效果器）：该音频效果可以模仿场效应晶体管（FET）产生的失真效果。

- "Phase Distortion"（相位失真）：该音频效果的延迟时间不是由低频振荡器（LFO）调制，而是通过输入信号自身的低通过滤方式（使用内部侧链），这表示传入的信号可以调制自己的相位。

- "Ringshifter"（环形移位器）：该音频效果用于模拟环形调制器和移频器混合产生的声音效果。

8.4.6 语音音频效果

使用语音音频效果可以校正声乐的音高或改善音频信号，还可以用于创建同音、轻微加重的声音、和声等声音效果。在"效果浏览器"面板的"语音"列表框中包含了众多语音音频效果，如图8-64所示。

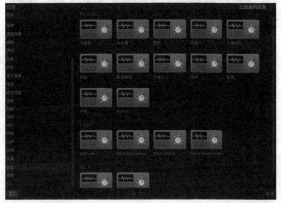

图 8-64

下面对"语音"列表框中常用的音频效果进行介绍。

- "DeEsser"（咝声消除器）：该音频效果用于压缩复杂音频信号中特定的频段和消除信号的嘶声。

- "Pitch Correction"（音高修正）：该音频效果用于修正传入音频信号的音高。

- "Pitch Shifter"（音高移位器）：该音频效果通过结合音高转换后版本的信号与原始信号来移动音调。

- "Vocal Transformer"（声音变压器）：该音频效果用于调整声乐线的音高。

8.4.7 专用音频效果

使用专用音频效果可以完成制作音频时碰到的降低噪声、添加生命力等任务，比如Denoiser（降噪器）可以消除或降低低于某个临界值音量的噪声；Exciter（激励器）可以用生成的人工高频组件来给音频添加生命力；Subbass（最低音栓）用于生成源于传入信号的人工低音信号。在"效果浏览器"面板的"专用"列表框中包含了众多专用音频效果，如图8-65所示。

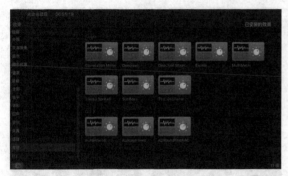

图 8-65

8.4.8 EQ音频效果

EQ是常见的音频效果器，它可以调整音频片段中不同频率的电平，从而控制某一频率电平的大小，这样的操作可以改善音频的声音品质，规避某些频率上的噪声。例如，低音增强器可以增强定义频率周围的信号；移除高频可以移除声音中的高音效果。在"效果浏览器"面板的"EQ"列表框中包含了众多EQ音频效果，如图8-66所示。

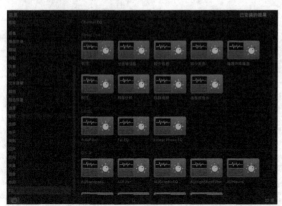

图 8-66

8.4.9 课堂案例——添加指定音频效果

实例效果：效果＞资源库＞第8章＞8.4.9
素材位置：素材＞第8章＞8.4.9＞烟花璀璨.mp4、音乐4.mp3
在线视频：第8章＞8.4.9 课堂案例——添加指定音频效果
实用指数：☆☆☆☆
技术掌握：添加音频效果

本案例将在添加音频片段后为音频片段添加"合唱"音频效果，并设置音频效果的参数值。

01 在"事件资源库"窗口的空白处单击鼠标右键，打开快捷菜单，选择"新建事件"命令，打开"新建事件"对话框，设置"事件名称"为"8.4.9"，其他参数保持默认设置，单击"好"按钮，新建一个事件。

02 在"浏览器"窗口的空白处单击鼠标右键，打开快捷菜单，选择"导入媒体"命令，打开"媒体导入"对话框，在对应的文件夹下选择"烟花璀璨.mp4"视频文件和"音乐4.mp3"音频文件，单击"导入所选项"按钮，导入素材对象，如图8-67所示。

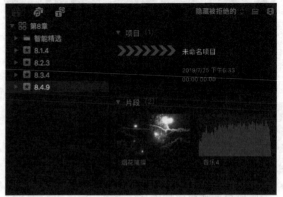

图 8-67

03 打开事件中已有的项目文件，然后在"浏览器"窗口中选择所有的视频和音频素材，添加至"磁性时间线"窗口的视频轨道上，并调整音频片段的时间长度，使其与视频片段的时间长度一致，如图8-68所示。

图 8-68

04 在"效果浏览器"面板的左侧列表中选择"调制"选项，然后在右侧列表中选择"合唱"选项，如图8-69所示。

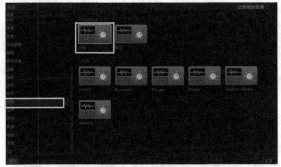

图 8-69

⑤ 将选择的"合唱"选项拖曳至音频片段上，音频片段上会显示一个圆形"+"号形状，如图8-70所示，释放鼠标左键即可添加音频效果。

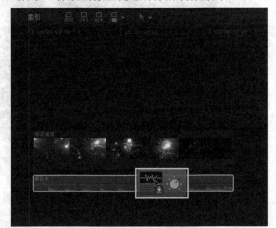

图 8-70

⑥ 选择音频片段，在"音频检查器"窗口的"合唱"选项区中设置"数量"为"63.0"，然后单击"Chorus"右侧的按钮，如图8-71所示。

图 8-71

⑦ 打开"音乐4"对话框，拖移各圆形中的指针，调整各参数值，如图8-72所示。

图 8-72

⑧ 完成音频效果的添加后，在"监视器"窗口中单击"从播放头位置向前播放—空格键"按钮 ▶ ，试听合唱音乐效果，视频画面效果如图8-73所示。

图 8-73

8.5 本章小结

本章重点学习了在Final Cut Pro X软件中如何添加与调整音频效果，熟练掌握这部分内容的操作和应用，才能快速地在音频素材中添加合适的音频效果。掌握了音频效果添加与编辑技术后，在以后的项目编辑工作中我们可以轻松地为项目添加丰富的音频效果，从而增强视频的真实感，烘托场景气氛。

8.6 课后习题

8.6.1 课后习题——添加音频过渡效果

实例效果：效果＞资源库＞第8章＞课后习题1
素材位置：素材＞第8章＞课后习题＞七星瓢虫.mp4、音乐5.mp3
在线视频：第8章＞8.6.1 课后习题——添加音频过渡效果
实用指数：☆☆☆
技术掌握：音频过渡效果的应用

本习题主要练习在Final Cut Pro X软件中如何

在切割的音频片段之间添加过渡效果，案例效果如图8-74所示。

图 8-74

分解步骤如图 8-75所示。

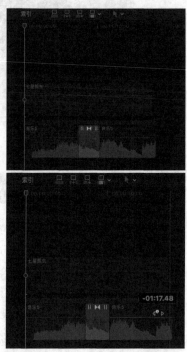

图 8-75

8.6.2 课后习题——制作音频环绕效果

实例效果：效果＞资源库＞第8章＞课后习题2

素材位置：素材＞第8章＞课后习题＞郁金香.mp4、音乐5.mp3

在线视频：第8章＞8.6.2 课后习题——制作音频环绕效果

实用指数：☆☆☆☆

技术掌握：音频环绕效果的制作

本习题主要练习在Final Cut Pro X软件中如何运用"声相"功能为音频添加环绕效果，并进行相应的设置，案例效果如图8-76所示。

图 8-76

分解步骤如图 8-77所示。

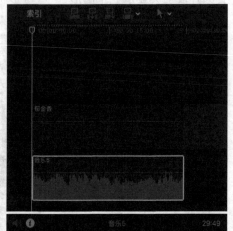

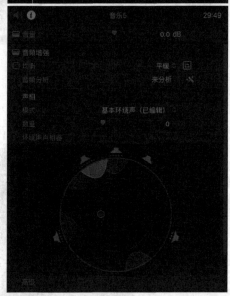

图 8-77

第**9**章

影片导出与项目管理

内容摘要

通过前几章的学习，相信各位读者已经基本掌握了剪辑的基础知识与相关应用。在完成了影片的剪辑与处理后，如果对视频效果满意，就需要将剪辑完成的视频项目导出，制成可以直接观看和分享的影片。在Final Cut Pro X软件中，用户可以根据项目需求和播放环境选择合适的导出方式。因此，本章将为各位读者详细讲解影片导出与项目管理的相关操作。

课堂学习目标

- 影片导出
- 导出XML
- 导出单帧与序列
- 管理项目

9.1 影片导出

在Final Cut Pro X软件中，通过"共享"功能可以将已经制作好的影片导出到移动设备和网络中。本节将为各位读者详细讲解针对播放设备的预置导出、针对网络共享的预置导出等操作。

9.1.1 针对播放设备的预置导出

通过导出到播放设备的方式，可以将导出的视频文件发布至iPhone、iPad、Apple TV、Mac和PC等移动播放设备上，方便随时随地进行观看。

激活时间线后，在菜单栏中单击"文件"|"共享"|"Apple设备720p"命令，如图 9-1所示。打开"Apple设备720p"对话框，如图 9-2所示，在"Apple设备720p"对话框的"信息"选项卡里设置项目文件的描述、创建者和标记信息。

图 9-1

图 9-2

如果要对视频项目的"格式"、"分辨率"和"颜色空间"等属性进行设置，可以在"Apple设备720p"对话框中单击"设置"按钮，在打开的"设置"选项卡中进行设置，如图 9-3所示。完成参数设置后，单击"共享"按钮即可将视频共享到播放设备中。

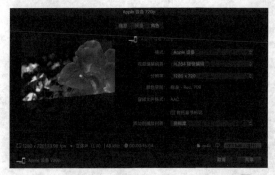

图 9-3

9.1.2 针对网络共享的预置导出

Final Cut Pro X软件支持将编辑好的影片直接共享至主流视频网站。在导出影片时可以通过电子邮件进行传送，或者通过网络平台播出，可以直接进行共享的网站包括Facebook、YouTube和Vimeo。

在菜单栏中单击"文件"|"共享"命令，在展开的子菜单中可以选择"准备共享到Facebook""YouTube"或"Vimeo"命令，如图 9-4所示。选择对应选项进行操作后，视频即可分享到Facebook、YouTube或Vimeo网站平台中进行播放。

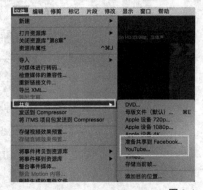

图 9-4

> **技巧与提示**
>
> 在进行共享到Facebook、YouTube和Vimeo这3个网站的操作时，需要注意的是，这3个网站国内大部分地区用户暂时无法访问，因此，这些功能介绍只能用于了解，不能进行实际操作。

1. 导出到Facebook

在"共享"子菜单中选择"准备共享到

Facebook"命令，打开"准备共享到Facebook"对话框，在对话框中单击"设置"按钮，进入"设置"选项卡，在该选项卡中可以对"分辨率"、"压缩"和"固定字幕"等属性进行设置，如图9-5所示。设置完成后，单击"下一步"按钮，打开存储对话框，设置好存储路径，即可将视频共享到Facebook网站。

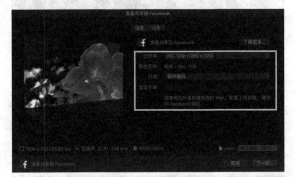

图9-5

"准备共享到Facebook"对话框的"设置"选项卡中，各主要选项的含义如下。

- "分辨率"：该选项的列表框中包含多种视频分辨率，可用于更改以匹配项目或片段的分辨率如图9-6所示。

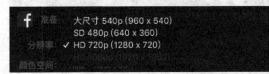

图9-6

- "压缩"：用于选择视频的压缩方式，如果想要高质量的压缩，可以选择"较好质量"选项；如果想要牺牲质量以求更快的压缩速度，可以选择"较快编码"选项。
- "固定字幕"：如果项目中已经添加了字幕，可以选择要内嵌在导出媒体文件中的字幕语言。

2. 导出到YouTube

在"共享"子菜单中选择"YouTube"命令，打开"YouTube"对话框，在对话框中单击"设置"按钮，进入"设置"选项卡，在该选项卡中可以登录YouTube账户，然后进行"分辨率"、"压缩"和"类别"等属性的设置，如图9-7所示。设置完成后，单击"下一步"按钮，打开存储对话

框，设置好存储路径，即可将视频共享到YouTube网站。

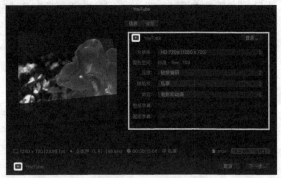

图9-7

"YouTube"对话框的"设置"选项卡中，各主要选项的含义如下。

- "登录"：单击该按钮，在打开的对话框中，输入账户信息即可。
- "隐私权"：用于为共享的影片进行隐私设置。
- "类别"：用于选取影片显示的类别。

3. 导出到Vimeo

在"共享"子菜单中选择"Vimeo"命令，打开"Vimeo"对话框，在对话框中单击"设置"按钮，进入"设置"选项卡，在该选项卡中可以登录Vimeo账户，然后进行"分辨率"、"压缩"和"类别"等属性的设置，如图9-8所示。设置完成后，单击"下一步"按钮，打开存储对话框，设置好存储路径，即可将视频共享到Vimeo网站。

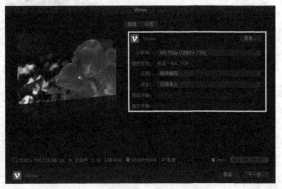

图9-8

9.2 母版文件导出

通过"共享"子菜单中的"母版文件"命令，

可以将项目输出为QuickTime（一款内置媒体播放器）影片。"母版文件"命令通常用于创建已完成项目的高质量"母版文件"，作为专业后期制作中最后步骤的源媒体或者广播和分发。在母版文件导出时，Final Cut Pro X提供了优质的Apple ProRes系列编码，该系列编码格式由苹果公司独立研制，能带来多种帧尺寸、帧率、位深和色彩采样比例，能够完美地保留原始文件的视频质量。

在Final Cut Pro X中，导出母版文件的方法有以下几种。

- 在菜单栏中单击"文件"|"共享"|"母版文件（默认）"命令，如图9-9所示。

图 9-9

- 在软件工作区的右上角单击"共享项目、时间片段或时间线范围"按钮 ▣，打开下拉列表，选择"母版文件（默认）"命令，如图9-10所示。

图 9-10

- 按快捷键"Command+E"。

执行以上任意一种方法，均可以打开"母版文件"对话框，如图9-11所示。在该对话框的左侧显示了项目缩略图，下方显示了共享文件的规格、时间长度、影片格式类型及预估的文件所占空间大小等信息。在"信息"选项卡中包含需要共享的项目

名称、项目描述、创建者及标记等信息，单击任意信息可以对其进行重新命名与注释。

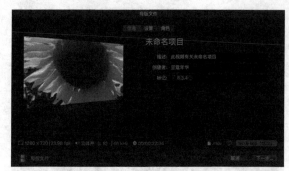

图 9-11

单击"母版文件"对话框中的"设置"按钮，切换到"设置"选项卡，如图9-12所示，在该选项卡中可以对共享文件的相关参数进行设置。

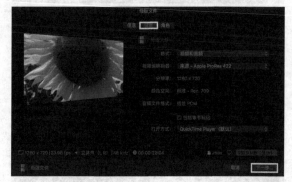

图 9-12

在"母版文件"对话框的"设置"选项卡中，各主要选项的含义如下。

- "格式"：在该列表框中可以选择母带录制的方式，包括"视频和音频"、"仅视频"和"仅音频"3个选项，如图9-13所示。

图 9-13

- "视频编解码器"：在该列表框中可以对导出的视频格式进行设置，选择"来源"选项，导出的视频文件格式与项目设置的格式相同，在对格式进行切换时可以导出不同大小和质量的视频文件，如图9-14所示。

图 9-14

- "打开方式"：该列表框中的选项，用于设定打开导出视频的播放工具。当在列表框中选择"打开方式"选项，文件共享完成后会自动播放文件；当选择"什么都不做"选项时会直接导出文件，如图 9-15所示。

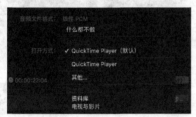

图 9-15

在完成母版文件的参数设置后单击"下一步"按钮，打开存储对话框，设置好视频文件的导出名称与存储路径，单击"存储"按钮导出母版文件。

技巧与提示

在导出母版文件时，如果只需要导出项目中的某一部分，则可以先在时间线中为该项目设置入点和出点，然后在时间线中进行框选，再单击"共享"|"母版文件（默认）"命令，即可导出一部分项目。

9.3 导出XML

XML是一种常用的文件格式，用来记录时间线中片段的开始点与结束点以及片段的结构性数据。使用Final Cut Pro X软件导出的XML文件很小，只有几百千字节，导出的XML文件可以很方便地在第三方软件中打开，并且能够完整复原片段在Final Cut Pro X软件中的位置结构。

在Final Cut Pro X软件中导出XML文件的方法很简单，用户打开需要导出的项目后，在菜单栏中单击"文件"|"导出XML"命令，如图 9-16所示。打开"存储"对话框，如图 9-17所示，在该对话框中设置好文件名称及存储位置后单击"存储"按钮，即可导出XML文件。

图 9-16

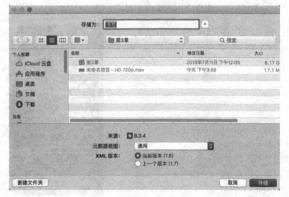

图 9-17

技巧与提示

导出的XML文件的扩展名为".fcpxml"，导出的XML文件只保存剪辑信息，不会保存在剪辑过程中所使用的文件。

9.4 导出文件

Final Cut Pro X软件支持多种文件格式及分轨文件的导出，导出文件主要有以下几种方法。

- 在时间线中选择项目文件，按"I"键和"O"键，设置好导出文件的开始位置和结束位置，然后在菜单栏中单击"文件"|"共享"|"导出文件"命令，如图 9-18所示。

图 9-18

- 在时间线中选择项目文件，按"I"键和"O"键，设置好导出文件的开始位置和结束位置，在软件工作区的右上角单击"共享项目、时间片段或时间线范围"按钮■，打开下拉列表，选择"导出文件"命令，如图9-19所示。

图 9-19

执行以上任意一种方法，均可以打开"导出文件"对话框，如图 9-20所示。在对话框中单击"设置"按钮，进入"设置"选项卡，依次设置导出的"格式""视频编解码器"和"分辨率"等属性，然后单击"下一步"按钮，设置好存储路径，单击"存储为"按钮，即可导出文件。

图 9-20

默认情况下，在"共享"子菜单中没有"导出文件"选项，用户需要在菜单栏中单击"文件"|"共享"|"目的位置"命令，打开"目的位置"对话框，在右侧列表框中选择"导出文件"选项，然后将其拖曳至左侧的"添加目的位置"选项上方，如图 9-21所示，释放鼠标左键即可添加"导出文件"选项。

图 9-21

9.5 导出单帧图像与序列

如果需要使用第三方软件为视频中的某一画面制作特殊效果，那么就要将视频导出为单帧图像或是序列。

在Final Cut Pro X中，如果需要导出单帧图像，只需在"磁性时间线"窗口中将时间线移动到需要导出的帧数上。此时在"监视器"窗口中显示的图像就是要导出的图像，接着单击"共享项目、时间片段或时间线范围"按钮■，打开下拉列表，在其中选择"存储当前帧"命令，如图9-22所示。打开"存储当前帧"对话框，切换至"设置"选项卡，展开"导出"选项列表框，选择"JPEG图像"图片格式，如图9-23所示。单击"下一步"按钮，选择导出路径，单击"存储"按钮，即可完成导出单帧图像的操作。

图 9-22

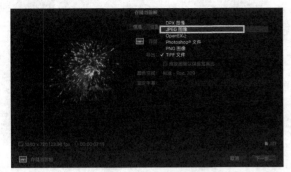

图 9-23

9.6 分角色导出文件

选中时间线中的任意片段，然后在"信息检查器"窗口中打开"扩展"选项的下拉列表，选择"基本"命令，如图 9-24所示。在"信息检查器"窗口中将显示"视频角色"和"音频角色"两个选项，如图 9-25所示。

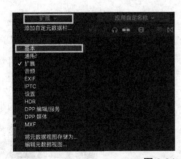

图 9-24

图 9-25

在"视频角色"和"音频角色"选项下可以选择角色片段。如果需要对角色进行编辑，则可以在"视频角色"列表框中选择"编辑角色"命令，打开"资源库的角色"对话框，如图 9-26所示，在该对话框中可以增添角色分类。

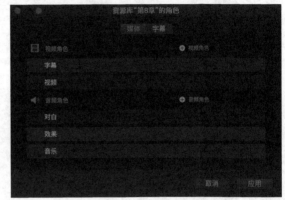

图 9-26

在时间线中建立入点和出点，然后通过"共享"子菜单中的"母版文件（默认）"命令打开"母版文件"对话框，在"角色为"列表框中选择"多轨道QuickTime文件"命令，软件会根据角色自动分为3类，如图 9-27所示，然后进行导出即可。

图 9-27

9.7 使用Comperssor导出文件

Comperssor是苹果推出的运行于macOS系统的一款音频与视频编码器软件，也是苹果视频编辑软件中不可或缺的套装软件之一。本节将为各位读者详细讲解使用Comperssor导出文件的具体操作。

9.7.1 将Comperssor设置添加到"目的位置"

在默认情况下，Comperssor是没有添加到"目的位置"的，因此用户只有自行将其添加到"目的位置"后才能进行文件的导出操作。

将Comperssor添加到"目的位置"的方法很简单，用户在菜单栏中单击"文件"|"共享"|"目的位置"命令，打开"目的位置"对话框，在右侧列表框中选择"Comperssor设置"选项，将其拖曳至左侧的"添加目的位置"选项上方，如图9-28所示，释放鼠标左键即可在"目的位置"中添加"Comperssor设置"选项。

图 9-28

9.7.2 发送到Comperssor中

在"目的位置"中添加了"Comperssor设置"选项后，在"磁性时间线"窗口中设置好片段的入点和出点，然后在菜单栏中单击"文件"|"共享"|"发送到Comperssor"命令，如图9-29所示。此时，Comperssor软件会自动打开，并在软件中添加项目的输出任务，在软件中单击"添加输出"按钮，根据提示进行操作与设置后可以将项目或片段发送到Comperssor中。

图 9-29

9.8 管理项目

在Final Cut Pro X软件中添加了项目后，可以对项目进行一系列的管理和操作，包括从备份中恢复项目、整理项目素材与渲染文件、项目及事件迁移等。

9.8.1 从备份中恢复项目

Final Cut Pro X软件可以按常规间隔时间自动备份资源库，备份仅包括资源库的数据库部分，不包括媒体文件（存储的备份的文件名包括时间和日期）。

在备份了项目后，可以通过"从备份"功能恢复项目，具体方法是：在菜单栏中单击"文件"|"打开资源库"|"从备份"命令，如图9-30所示；打开备份对话框，选择恢复来源，然后单击"打开"按钮，如图9-31所示，即可从备份中恢复项目。

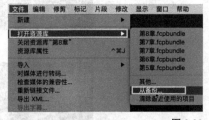

图 9-30

图 9-31

9.8.2 整理项目素材与渲染文件

　　将工作的资源库建立在系统盘中，能在一定程度上提高软件的运算能力。但是随着工程的不断完善，渲染的文件会越来越大，本地硬盘可用空间会越来越少。针对这一情况，就需要重新整理项目素材、代理文件和渲染文件的位置。

　　选中资源库，打开"资源库属性"窗口，如图 9-32所示，该窗口中会显示资源库中所有渲染文件、分析文件、缩略图图像、音频波形文件以及这些文件所占空间的大小，还有其他关于这个资源库的基本信息。

图 9-32

　　如果要修改储存位置，可以单击"储存位置"选项右侧的"修改设置"按钮，打开"设定资源库的储存位置"对话框，在对话框中可以设定媒体的储存位置，如图 9-33所示。

图 9-33

　　使用这一方法还可以更改缓存文件和备份文件的位置。一般情况下，可以将媒体文件放到空间较大的磁盘中，因为一些需要Final Cut Pro X重新封装的视频文件体积较大。如果系统盘够大，则可以将缓存文件放置到系统盘符下，这样可以在一定程度上提高软件的运行速度，也不必担心越来越大的

缓存文件会影响运行速度，因为可以定时清理。但是备份文件是资源库的备份，因此尽量不要将其与工程资源库放在相同的盘符下，应该尽量放到较高的盘符下，如PAID5或其他高保障的盘符，这样才能降低影片损坏带来的风险。

9.8.3 项目及事件迁移

　　在Final Cut Pro X软件中，可以将片段或项目从一个事件复制和迁移到另一个事件。

　　如果要复制项目，需要按住"Option"键将项目从一个事件拖入另一个事件，具体操作为在拖曳时按住"Option"键，如果要移动项目，将项目从一个事件拖到另一个事件中即可。

9.8.4 XML与FCPX之间的交换项目

　　在Final Cut Pro X软件中，使用"导入"功能可以将XML文件导入事件或项目。具体方法是：在菜单栏中单击"文件" | "导入" | "XML"命令，如图 9-34所示；在弹出的"导入"对话框中选择XML文件，然后单击"导入"按钮，即可在XML与FCPX之间交换项目。

图 9-34

9.9 本章小结

　　本章重点学习了在Final Cut Pro X软件中各种影片的导出与项目管理的应用方法，只有熟练掌握了这部分的知识，才能帮助我们高效导出影片。在学习了前面章节中的视频剪辑、特效制作、字幕添加和音频制作后，我们需要对影片进行导出，这样才能让其他用户查看到已经制作好的影片的效果，实现影片共享的目的。

9.10 课后习题

9.10.1 课后习题——导出文件

实例效果：效果＞资源库＞第9章＞课后习题1

素材位置：素材＞第9章＞课后习题＞树之语.mp4

在线视频：第9章＞9.10.1 课后习题——导出文件

实用指数：☆☆☆☆

技术掌握：将项目文件进行导出操作

　　本习题主要练习在Final Cut Pro X软件中，如何运用"导出文件"功能将资源库中已有的项目进行导出操作。

　　分解步骤如图9-35所示。

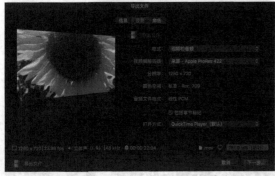

图 9-35

9.10.2 课后习题——共享母版文件

实例效果：效果＞资源库＞第9章＞课后习题2

素材位置：素材＞第9章＞课后习题＞树之语.mp4

在线视频：第9章＞9.10.2 课后习题——共享母版文件

实用指数：☆☆☆☆

技术掌握：进行母版共享操作

　　本习题主要练习在Final Cut Pro X软件中，如何运用"共享"子菜单下的"母版文件"功能，将资源库中已有的项目进行母版共享操作。

　　分解步骤如图9-36所示。

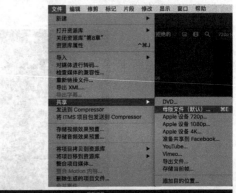

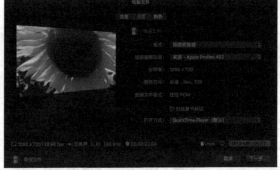

图 9-36

第 **10** 章

商业案例实训

内容摘要

本章作为本书的一个综合章节，在回顾前面所学知识的基础上结合实用性极强的商业案例，进一步详细讲解Final Cut Pro X软件强大的视频制作方法以及后期技巧。

在制作商业案例时，要善于分析文案，善于观察，找准定位点。平时一定要多学多练，在实操的过程中逐渐巩固软件基础并积累制作经验。希望读者在学习完本章内容后可以快速掌握视频制作的基础操作，并能够举一反三，在以后的实际工作中灵活运用软件技巧，制作出令人惊叹的视频作品。

课堂学习目标

- 新建资源库、事件和项目
- 制作主要故事情节和次级故事情节
- 应用滤镜效果与转场效果
- 制作关键帧动画
- 添加与编辑字幕效果
- 添加音频效果

10.1 制作倒计时和开场动画

本节将结合前面所学知识点，以案例的形式为各位读者介绍Final Cut Pro X软件在倒计时和开场动画领域的应用。

10.1.1 课堂案例——美食栏目开场动画

实例效果：效果＞资源库＞第10章＞10.1.1

素材位置：素材＞第10章＞10.1.1＞背景.jpg、美食1.jpg、美食2.jpg等

在线视频：第10章＞10.1.1 课堂案例——美食栏目开场动画

实用指数：☆☆☆☆☆

技术掌握：美食栏目开场动画的制作

开场动画是影视作品的重要组成部分，本案例是制作美食栏目的开场动画。在制作美食栏目开场动画前需要先确定好开场动画的具体时长、动画包含的元素以及掌握事件和项目的制作要点，这样才能有效地了解开场动画的设计思路。

1. 导入媒体素材

① 启动Final Cut Pro X软件，然后在菜单栏中单击"文件"|"新建"|"资源库"命令，打开"存储"对话框，设置好存储位置和资源库名称，单击"存储"按钮，如图10-1所示，即可新建一个资源库。

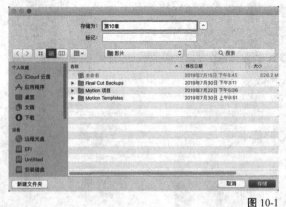

图 10-1

② 在"资源库"窗口的空白处单击鼠标右键，打开快捷菜单，选择"新建事件"命令，打开"新建事件"对话框，在"事件名称"文本框中输入

"10.1.1"，如图10-2所示，单击"好"按钮即可新建一个事件。

图 10-2

技巧与提示

默认情况下，新建资源库后会自动新建一个事件，如果要删除已有的事件，可以选择需要删除的事件，单击鼠标右键，打开快捷菜单，选择"将事件移到废纸篓"命令即可。

技巧与提示

调整时间滑块到合适位置后，将计算机文件夹中的素材直接拖曳至视频轨道会更加便捷。

③ 在"事件浏览器"窗口的空白处单击鼠标右键，打开快捷菜单，打开"媒体导入"对话框，在"10.1.1"文件夹中选择需要导入的图像、视频和音频素材，单击"导入所选项"按钮，如图10-3所示。

图 10-3

④ 上述操作完成后，即可将选择的媒体素材导入"事件浏览器"窗口中，如图10-4所示。

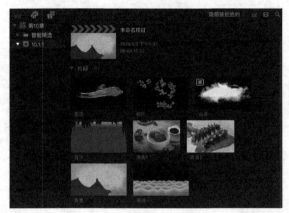

图 10-4

2. 制作故事情节

① 在"事件浏览器"窗口中选择"背景.jpg"图像素材，按住鼠标左键并拖曳，将其添加至"磁性时间线"窗口的主要故事情节上，并修改其时间长度为12:22秒，如图10-5所示。

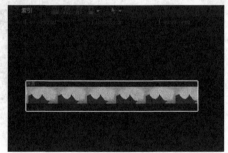

图 10-5

② 选择"背景"图像片段，在"监视器"窗口中单击鼠标右键，打开快捷菜单，选择"变换"命令，如图10-6所示。

图 10-6

③ 在"视频检查器"窗口的"变换"选项区中修改"缩放（全部）"参数为"164%"，如图

10-7所示，即可放大显示图像。

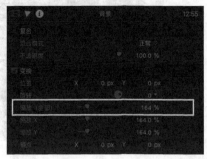

图 10-7

④ 在"监视器"窗口中单击"在播放头位置添加关键帧"按钮，此时"检查器"窗口的"变换"选项区下的"位置""旋转""缩放（全部）"和"锚点"4个选项后的关键帧全部亮起，修改"位置"参数为"-300px"和"0px"，添加一组关键帧，如图10-8所示。

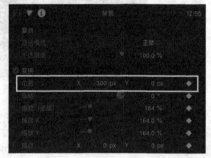

图 10-8

⑤ 将时间线向右移至00:00:01:02位置处，修改"位置"参数为"-250px"和"0px"，添加一组关键帧，如图10-9所示。

图 10-9

⑥ 将时间线向右移至00:00:02:10位置处，修改"位置"参数为"-200px"和"0px"，添加一组关键帧，如图10-10所示。

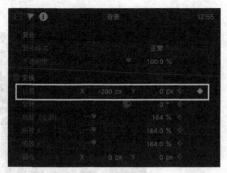

图 10-10

07 将时间线向右移至00:00:06:01位置处，修改"位置"参数为"-50px"和"0px"，添加一组关键帧，如图10-11所示。

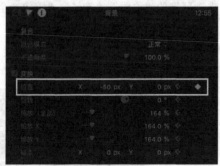

图 10-11

08 将时间线向右移至00:00:12:06位置处，修改"位置"参数为"300px"和"-100px"，添加一组关键帧，如图10-12所示。在"监视器"窗口中单击"完成"按钮，完成位置关键帧动画的制作。

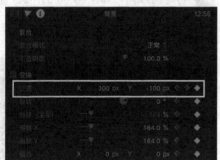

图 10-12

09 在"事件浏览器"窗口中选择"海浪.jpg"图像文件，按住鼠标左键并拖曳，将其添加至"磁性时间线"窗口的次级故事情节上，并修改其时间长度为12:22秒，如图10-13所示。

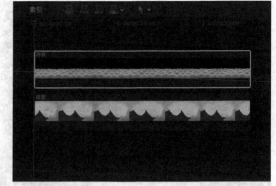

图 10-13

10 选择"海浪"图像片段，在"监视器"窗口中单击鼠标右键，打开快捷菜单，选择"变换"命令，打开变换控制框，将图像移动至合适的位置，如图10-14所示，在"监视器"窗口中单击"完成"按钮，即可完成图像位置的变换。

图 10-14

11 在"效果浏览器"面板的左侧列表中选择"抠像"选项，在右侧列表中选择"亮度抠像器"滤镜，如图10-15所示。

图 10-15

12 按住鼠标左键并拖曳，将其添加至"海浪"图像片段上，即可添加滤镜效果，如图10-16所示。

图 10-16

图 10-19

⑬ 在"事件浏览器"窗口中选择"树叶.jpg"图像文件，按住鼠标左键并拖曳，将其添加至"磁性时间线"窗口的"海浪"图像片段上方，并修改其时间长度为12:22秒，如图10-17所示。

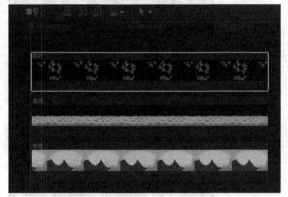

图 10-17

⑭ 选择"树叶"图像片段，在"视频检查器"窗口的"变换"选项区中修改"缩放（全部）"为"33%"，如图10-18所示，即可缩小图像。

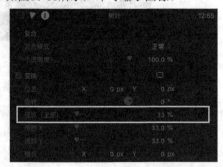

图 10-18

⑮ 在"监视器"窗口中单击鼠标右键，打开快捷菜单，选择"变换"命令，打开变换控制框，将图像移动至合适的位置，如图10-19所示。

⑯ 将时间线移至00:00:00:00位置处，在"视频检查器"窗口的"变换"选项区中修改"旋转"为"-4.9°"，单击"添加关键帧"按钮 ，添加一组关键帧，如图10-20所示。

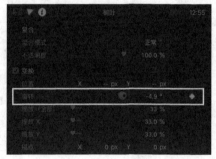

图 10-20

技巧与提示

在变换图像时，可以直接在"监视器"窗口移动变换控制框中的控制点进行位置、角度和缩放参数的变换。

⑰ 将时间线移至00:00:12:16位置处，在"视频检查器"窗口的"变换"选项区中修改"旋转"为"4.0°"，单击"添加关键帧"按钮 ，添加一组关键帧，如图10-21所示。在"监视器"窗口中单击"完成"按钮，完成旋转关键帧动画的制作。

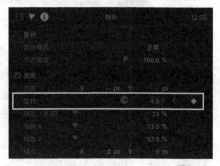

图 10-21

⑱ 在"事件浏览器"窗口中选择"云朵.jpg"图像文件，按住鼠标左键并拖曳，将其添加至"磁性时间线"窗口的"树叶"图像片段上方，并修改其时间长度为12:22秒，如图10-22所示。

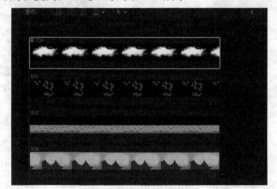

图 10-22

⑲ 选择"云朵"图像片段，在"监视器"窗口中单击鼠标右键，打开快捷菜单，选择"变换"命令，打开变换控制框，然后单击"在播放头位置添加关键帧"按钮 ，此时"检查器"窗口的"变换"选项区下的"位置"、"旋转"、"缩放（全部）"和"锚点" 4个选项后的关键帧全部亮起。在"监视器"窗口中移动图像的位置，则"位置"参数自动修改为"–683.8px"和"–234.1px"，如图10-23所示。

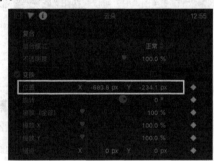

图 10-23

⑳ 将时间线移至00:00:03:22位置处，移动图像，则"位置"参数自动修改为"–438.1px"和"–232.5px"，如图10-24所示。

㉑ 将时间线移至00:00:08:05位置处，移动图像，则"位置"参数自动修改为"–43.5px"和"–273.5px"，如图10-25所示。

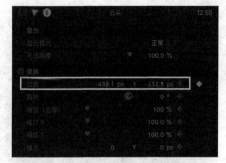

图 10-24

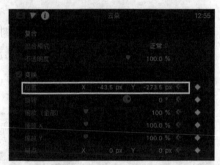

图 10-25

㉒ 将时间线移至00:00:12:14位置处，移动图像，则"位置"参数自动修改为"171.3px"和"–267.9px"，如图10-26所示。在"监视器"窗口中单击"完成"按钮，完成位置关键帧动画的制作。

图 10-26

㉓ 在"事件浏览器"窗口中选择"墨迹.jpg"图像文件，按住鼠标左键并拖曳，将其添加至"磁性时间线"窗口的"云朵"图像片段上方，并修改其时间长度为04:23秒，如图10-27所示。

㉔ 选择"墨迹"图像片段，在"视频检查器"窗口的"复合"选项区中，单击"混合模式"右侧的三角按钮 ，打开下拉列表，选择"叠加"混合模式，如图10-28所示。

图 10-27

图 10-28

㉕ 上述操作完成后，即可设置图像的混合模式，其效果如图10-29所示。

图 10-29

㉖ 将时间线移至00:00:00:00位置处，在"视频检查器"窗口的"复合"选项区中修改"不透明度"参数为"0"，单击"添加关键帧"按钮 ，添加一组关键帧，如图10-30所示。

图 10-30

㉗ 将时间线移至00:00:01:10位置处，在"视频检查器"窗口的"复合"选项区中修改"不透明度"参数为"100.0%"，单击"添加关键帧"按钮 ，添加一组关键帧，如图10-31所示。

图 10-31

㉘ 将时间线移至00:00:03:13位置处，在"视频检查器"窗口的"复合"选项区中修改"不透明度"参数为"100.0%"，单击"添加关键帧"按钮 ，添加一组关键帧，如图10-32所示。

图 10-32

㉙ 将时间线移至00:00:04:15位置处，在"视频检查器"窗口的"复合"选项区中修改"不透明度"参数为"0%"，单击"添加关键帧"按钮 ，添加一组关键帧，如图10-33所示，即可制作出淡入淡出的图像效果。

图 10-33

㉚ 将时间线移至00:00:05:00位置处，在"事件浏览器"窗口中选择"美食1.jpg"图像文件，按住鼠标左键并拖曳，将其添加至"磁性时间线"窗口的"墨迹"图像片段的右侧，并修改其时间长度为04:05秒，如图10-34所示。

㉛ 在"效果浏览器"面板的左侧列表中选择"遮罩"选项，在右侧列表中选择"晕影遮罩"滤

镜，如图10-35所示。

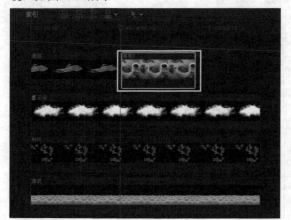

图 10-34

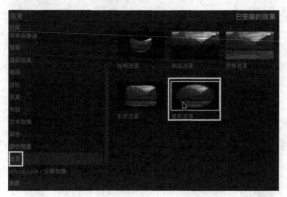

图 10-35

32 在选择的滤镜上按住鼠标左键并拖曳，将其添加至"美食1"图像片段上，其图像效果如图10-36所示。

图 10-36

33 选择"美食1"图像片段，将时间线移至00:00:05:01位置处，在"视频检查器"窗口的"变换"选项区中，修改"位置"参数为"-211.5px"和"115.3px"、"缩放（全部）"参数为"77%"，单击"添加关键帧"按钮 ▣，添加一组关键帧，

如图10-37所示。

图 10-37

34 将时间线移至00:00:05:01位置处，在"视频检查器"窗口的"变换"选项区中修改"位置"参数为"-184.4px"和"86.9px"、"缩放（全部）"参数为"84%"，单击"添加关键帧"按钮 ▣，添加一组关键帧，如图10-38所示。

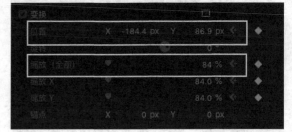

图 10-38

35 再次选择"美食1"图像片段，将时间线移至00:00:05:01位置处，在"视频检查器"窗口的"晕影遮罩"选项区中展开"Center"选项，单击"添加关键帧"按钮 ▣，修改"X"参数为"0.42px"、"Y"参数为"0.56px"，添加一组关键帧，如图10-39所示。

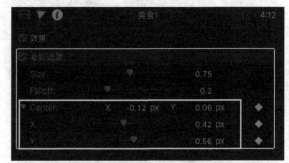

图 10-39

36 将时间线移至00:00:08:06位置处，在"视频检查器"窗口的"晕影遮罩"选项区中单击"添加关键

帧"按钮■，修改"X"参数为"0.53px"、"Y"参数为"0.52px"，添加一组关键帧，如图10-40所示。

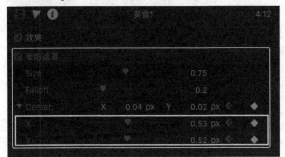

图 10-40

㊲ 将时间线移至00:00:09:05位置处，在"事件浏览器"窗口中选择"美食2.jpg"图像素材，按住鼠标左键并拖曳，将其添加至"磁性时间线"窗口的"美食1"图像片段的右侧，并修改其时间长度为03:17秒，如图10-41所示。

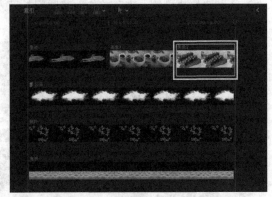

图 10-41

㊳ 在"效果浏览器"面板的左侧列表中选择"遮罩"选项，在右侧列表中选择"晕影遮罩"滤镜，在选择的滤镜上按住鼠标左键并拖曳，将其添加至"美食2"图像片段上，其图像效果如图10-42所示。

图 10-42

㊴ 选择"美食2"图像片段，将时间线移至00:00:09:08位置处，在"视频检查器"窗口的"变换"选项区中，修改"位置"参数为"552.5px"和"312.0px"、"缩放（全部）"参数为"38%"，单击"添加关键帧"按钮■，添加一组关键帧，如图10-43所示。

图 10-43

㊵ 将时间线移至00:00:10:04位置处，在"视频检查器"窗口的"变换"选项区中，修改"位置"参数为"364.4px"和"188.9px"、"缩放（全部）"参数为"61%"，单击"添加关键帧"按钮■，添加一组关键帧，如图10-44所示。

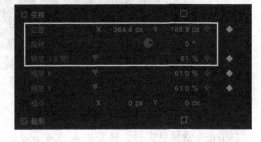

图 10-44

㊶ 将时间线移至00:00:11:21位置处，在"视频检查器"窗口的"变换"选项区中，修改"位置"参数为"42.5px"和"80.8px"、"缩放（全部）"参数为"61%"，单击"添加关键帧"按钮■，添加一组关键帧，如图10-45所示。

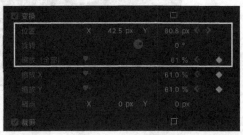

图 10-45

(42) 在"转场"窗口右侧的列表框中选择"交叉叠化"转场效果，如图10-46所示。

图 10-46

(43) 在选择的转场效果上按住鼠标左键并拖曳，将其添加至"美食2"图像片段上，释放鼠标左键添加转场效果，如图10-47所示。

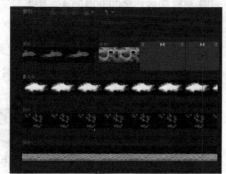

图 10-47

(44) 选择"美食2"图像片段左侧的转场效果，按"Delete"键将其删除，选择右侧的转场效果，当指针呈状态 时，按住鼠标左键并向右拖曳，即可调整转场的时间长度，如图10-48所示。

图 10-48

3. 添加字幕效果

(01) 在"资源库"窗口中单击"显示或隐藏'字

幕和发生器'边栏"按钮 ，进入"字幕和发生器"窗口，在左侧列表中选择"字幕"选项，在右侧列表中选择"文本间距 3D"字幕，如图10-49所示。

图 10-49

(02) 按住鼠标左键并拖曳，将选择的字幕添加至"墨迹"图像片段的上方，并修改其时间长度为04:23秒，如图10-50所示。

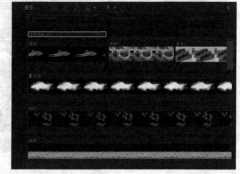

图 10-50

(03) 选择新添加的字幕，在"文本检查器"窗口的"文本"选项区中输入文本"美食人家"，如图10-51所示。

图 10-51

(04) 在"文本检查器"窗口的"基本"选项区的

"字体"列表框中选择"汉仪雪君体简"字体，如图10-52所示。

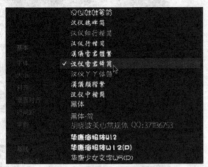

图 10-52

05 在"文本检查器"窗口的"基本"选项区中拖移"大小"右侧的滑块，修改其参数为"250.0"，如图10-53所示。

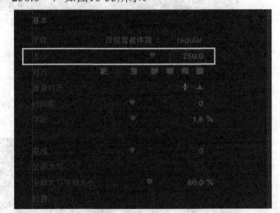

图 10-53

06 在"文本检查器"窗口中勾选"投影"复选框，展示该选项区，修改对应的参数值，如图10-54所示。

图 10-54

07 在"文字检查器"窗口中取消勾选"3D文本"复选框，勾选"表面"复选框，设置"颜色"为"红色"，如图10-55所示。

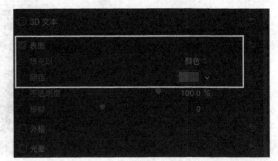

图 10-55

08 将时间线移至00:00:05:00位置处，在菜单栏中单击"编辑"|"连接字幕"|"基本字幕"命令，在时间线位置处自动添加一个"基本字幕"，如图10-56所示。

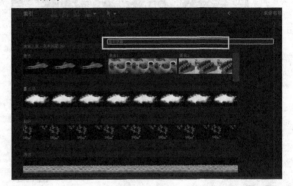

图 10-56

09 选择新添加的"基本字幕"，设置其时间长度为04:05秒，如图10-57所示。

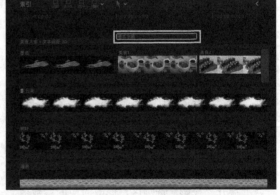

图 10-57

10 选择新添加的"基本字幕"，在"文本检查器"窗口的"文本"选项区中输入垂直文本"品味美食"，如图10-58所示。

图 10-58

⑪ 在"文本检查器"窗口的"基本"选项区中，修改"字体"为"汉仪超粗圆简"、"大小"为"113.0"，如图10-59所示。

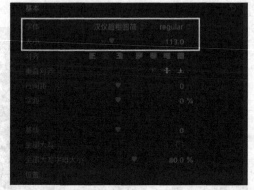

图 10-59

⑫ 在"文本检查器"窗口的"表面"选项区中，修改"颜色"为"橙色"，如图10-60所示。

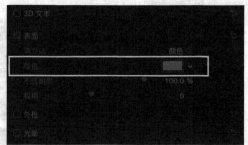

图 10-60

⑬ 在"文本检查器"窗口中勾选"投影"复选框，并展开"投影"选项区，修改对应的参数值，如图10-61所示。

⑭ 将时间线移至00:00:05:07位置处，在"视频检查器"窗口的"变换"选项区中，修改"位置"参数为"173.0px"和"2.7px"，单击"添加关键帧"按钮 ，添加一组关键帧，如图10-62所示。

图 10-61

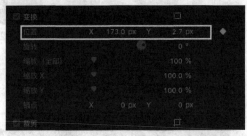

图 10-62

⑮ 将时间线移至00:00:06:16位置处，在"视频检查器"窗口的"变换"选项区中，修改"位置"参数为"109.8px"和"−0.3px"，单击"添加关键帧"按钮 ，添加一组关键帧，如图10-63所示。

图 10-63

⑯ 将时间线移至00:00:08:04位置处，在"视频检查器"窗口的"变换"选项区中，修改"位置"参数为"−33.4px"和"−4.4px"，单击"添加关键帧"按钮 ，添加一组关键帧，如图10-64所示。

图 10-64

⑰ 将时间线移至00:00:05:03位置处，在"视频检查器"窗口的"复合"选项区中修改"不透明度"参数为"0%"，单击"添加关键帧"按钮 ◈，添加一组关键帧，如图10-65所示。

图 10-65

⑱ 将时间线移至00:00:05:07位置处，在"视频检查器"窗口的"复合"选项区中修改"不透明度"参数为"100.0%"，单击"添加关键帧"按钮 ◈，添加一组关键帧，如图10-66所示。

图 10-66

⑲ 将时间线移至00:00:08:22位置处，在"视频检查器"窗口的"复合"选项区中修改"不透明度"参数为"100.0%"，单击"添加关键帧"按钮 ◈，添加一组关键帧，如图10-67所示。

图 10-67

⑳ 将时间线移至00:00:09:02位置处，在"视频检查器"窗口的"复合"选项区中修改"不透明度"参数为"0%"，单击"添加关键帧"按钮 ◈，添加一组关键帧，如图10-68所示。

图 10-68

㉑ 选择"基本字幕"，在菜单栏中单击"编辑"|"拷贝"命令，复制字幕。

㉒ 将时间线移至00:00:09:05位置处，在菜单栏中单击"编辑"|"粘贴"命令，粘贴字幕，并修改其时间长度为03:09秒，如图10-69所示。

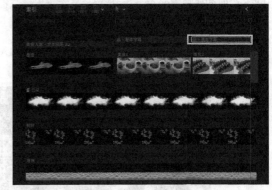

图 10-69

㉓ 选择复制后的字幕，在"文本检查器"窗口的"文本"选项区中修改垂直文本为"品味人生"，如图10-70所示。

图 10-70

技巧与提示

制作相同格式的字幕片段时，通过使用"拷贝"和"粘贴"功能制作字幕，可以提高字幕的制作效率。

㉔ 将时间线移至00:00:09:12位置处，在"视频检

查器"窗口中，修改"不透明度"参数为"0"、"位置"参数为"0px"，单击"添加关键帧"按钮 ，添加一组关键帧，如图10-71所示。

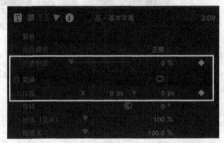

图 10-71

㉕ 将时间线移至00:00:09:22位置处，在"视频检查器"窗口中，修改"不透明度"参数为"100.0%"、"位置"参数为"100.0px"和"0px"，单击"添加关键帧"按钮 ，添加一组关键帧，如图10-72所示。

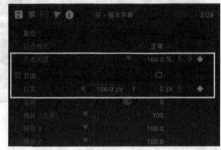

图 10-72

㉖ 将时间线移至00:00:12:07位置处，在"视频检查器"窗口中，修改"不透明度"参数为"100.0%"、"位置"参数为"200.0px"和"0px"，单击"添加关键帧"按钮 ，添加一组关键帧，如图10-73所示。

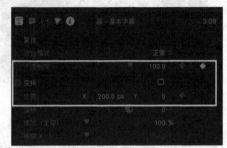

图 10-73

㉗ 将时间线移至00:00:12:11位置处，在"视频检查器"窗口中，修改"不透明度"参数为

"0%"、"位置"参数为"200.0px"和"0px"，单击"添加关键帧"按钮 ，添加一组关键帧，如图10-74所示，完成关键帧动画的制作。

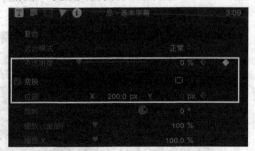

图 10-74

4. 添加音频效果

㉜ 在"事件浏览器"窗口中选择"音乐.mp3"音频文件，按住鼠标左键并拖曳，将其添加至"背景"图像片段的下方，如图10-75所示。

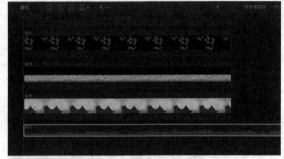

图 10-75

㉜ 选择"音乐"音频文件，将其时间长度更改为12:22秒，如图10-76所示。

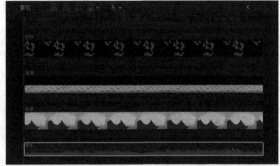

图 10-76

㉜ 将指针悬停在音频片段的左侧滑块上，则指针会变成左右箭头的形状图标，按住鼠标左键并向右拖移滑块，添加音频渐变效果，如图10-77所示。

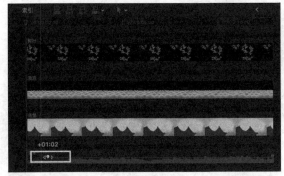

图 10-77

(04) 将鼠标指针悬停在音频片段的右侧滑块上，则鼠标指针会变成左右箭头的形状，按住鼠标左键并向左拖移滑块，添加音频渐变效果，如图10-78所示。

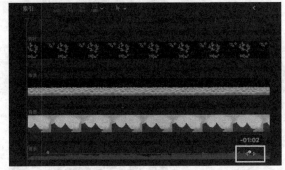

图 10-78

(05) 上述操作完成后，倒计时动画视频就制作完成了。在"监视器"窗口中单击"从播放头位置向前播放—空格键"按钮 ▶，预览最终动画效果，如图10-79所示。

图 10-79

10.1.2 课堂练习——倒计时动画

实例效果：效果＞资源库＞第10章＞10.1.2

素材位置：素材＞第10章＞10.1.2＞背景图像.jpg、音乐.wav等

在线视频：第10章＞10.1.2 课堂练习——倒计时动画

实用指数：☆☆☆

技术掌握：主要故事情节的制作、字幕的添加、音频的制作

倒计时动画是影视节目的重要组成部分，用于对影视节目的开始时间进行倒计时计数。在制作倒计时动画前，需要先确定好倒计时的时长，再掌握事件和项目的制作要点，这样可以有效地明确倒计时动画的设计思路。

本案例最终效果的部分节选如图10-80所示。

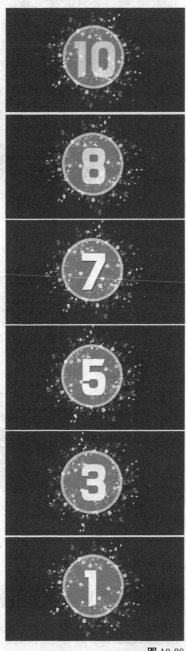

图 10-80

旅游片头动画往往用靓丽的风景作为表现重点，以美丽的画面、漂亮的字幕搭配悠扬的背景音乐来吸引观众。在制作旅游片头动画之前，需要理清大致的制作步骤并掌握制作要点。

本案例最终效果如图10-81所示。

图 10-81

10.1.3 课后习题——制作旅游片头动画

实例效果：效果＞资源库＞第10章＞10.1.3

素材位置：素材＞第10章＞10.1.3＞旅游1~旅游5.jpg、4.mp4等

在线视频：第10章＞10.1.3 课后习题——制作旅游片头动画

实用指数：☆☆☆☆

技术掌握：故事情节的制作、字幕添加与编辑、音乐添加

10.2 商业广告制作

本节将结合前面所学知识点，以案例的形式为各位读者介绍Final Cut Pro X软件在商业广告制作领域的应用。

10.2.1 课堂案例——商品促销视频

实例效果：效果＞资源库＞第10章＞10.2.1	
素材位置：素材＞第10章＞10.2.1＞视频.mp4、云雾边框.jpg、手提包.jpg等	
在线视频：第10章＞10.2.1 课堂案例——商品促销视频	
实用指数：☆☆☆☆	
技术掌握：女包商品促销视频制作	

本案例是一个综合性很强的实例，通过为素材添加动态图形遮罩效果，将视频与标题字幕相互搭配，并配上动感的背景音乐，为广告营造生动丰富的视觉效果。

1. 添加素材

01 在"资源库"窗口的空白处单击鼠标右键，打开快捷菜单，选择"新建事件"命令，打开"新建事件"对话框，在"事件名称"文本框中输入"10.2.1"，单击"好"按钮，即可新建一个事件。

02 在"事件浏览器"窗口的空白处单击鼠标右键，打开快捷菜单，打开"媒体导入"对话框，在"10.2.1"文件夹中选择需要导入的图像、视频和音频文件，单击"导入所选项"按钮即可将选择的媒体素材导入"事件浏览器"窗口中，如图10-82所示。

图10-82

2. 制作故事情节

01 在"事件浏览器"窗口中选择"视频.mp4"视频文件，按住鼠标左键并拖曳至主要故事情节上，如图10-83所示。

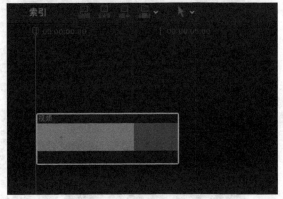

图10-83

02 在"事件浏览器"窗口中选择"云雾边框.jpg"图像文件，按住鼠标左键并拖曳至"视频"视频片段的右侧，并修改其时间长度为01:21秒，如图10-84所示。

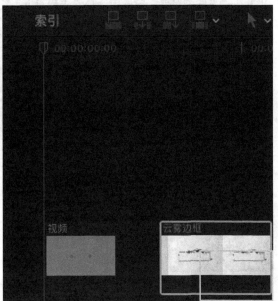

图10-84

03 选择"云雾边框"图像片段，将时间线移至00:00:06:02的位置处，在"视频检查器"窗口的"变换"选项区中修改"缩放（全部）"参数为"125%"，单击"添加关键帧"按钮，添加一组关键帧，如图10-85所示。

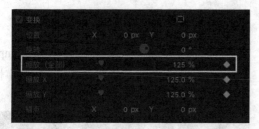

图10-85

(04) 将时间线移至00:00:07:02位置处，在"视频检查器"窗口的"变换"选项区中修改"缩放（全部）"参数为"158%"，单击"添加关键帧"按钮 ，添加一组关键帧，如图10-86所示。

图10-86

(05) 在"事件浏览器"窗口中选择"手提包.jpg"图像文件，按住鼠标左键并拖曳至"云雾边框"片段的右侧，如图10-87所示。

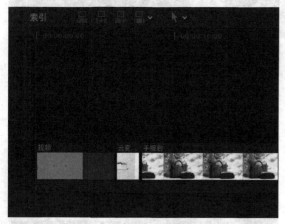

图10-87

(06) 选择"手提包"图像片段，将时间线移至00:00:07:17位置处，在"视频检查器"窗口的"变换"选项区中，修改"位置"参数为"54.5px"和"21.8px"、"缩放（全部）"参数为"136%"，单击"添加关键帧"按钮 ，添加一组关键帧，如图10-88所示。

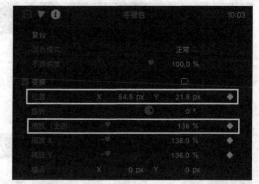

图10-88

(07) 将时间线移至00:00:08:21位置处，在"视频检查器"窗口的"变换"选项区中，修改"位置"参数为"−44.6px"和"−1.0px"、"缩放（全部）"参数为"144%"，单击"添加关键帧"按钮 ，添加一组关键帧，如图10-89所示。

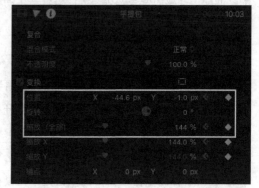

图10-89

(08) 将时间线移至00:00:12:19位置处，在"视频检查器"窗口的"变换"选项区中，修改"位置"参数为"−37.7px"和"−67.8px"、"缩放（全部）"参数为"144%"，单击"添加关键帧"按钮 ，添加一组关键帧，如图10-90所示。

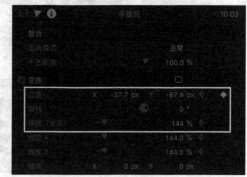

图10-90

09 将时间线移至00:00:16:07位置处,在"视频检查器"窗口的"变换"选项区中,修改"位置"参数为"50.0px"和"31.5px"、"缩放(全部)"参数为"130%",单击"添加关键帧"按钮 ，添加一组关键帧,如图10-91所示。

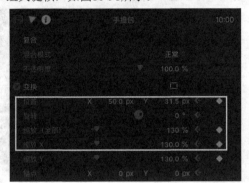

图10-91

10 在"事件浏览器"窗口中选择"遮罩.jpg"图像文件,按住鼠标左键并拖曳至"手提包"图像片段的上方,修改其时间长度为10:01秒,如图10-92所示。

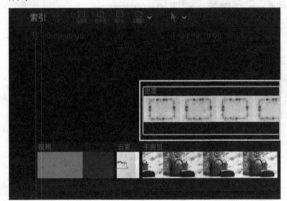

图10-92

11 选择"遮罩"图像片段,在"视频检查器"窗口的"复合"选项区中,修改"混合模式"为"正片叠底"、"不透明度"为"68.0%",在"变换"选项区中修改"缩放(全部)"参数为"170%",如图10-93所示。

12 上述操作完成后,即可更改图像片段的大小和混合模式,其图像效果如图10-94所示。

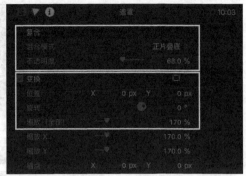

图10-93

图10-94

13 选择"云雾边框"图像片段,在菜单栏中单击"编辑"|"拷贝"命令,复制图像片段。

14 将时间线移至00:00:21:14位置处,在菜单栏中单击"编辑"|"粘贴"命令,粘贴图像片段,如图10-95所示。

图10-95

15 在"事件浏览器"窗口中选择"格子包1.jpg"图像文件,按住鼠标左键并拖曳至"手提包"图像片段的上方,修改其时间长度为07:06秒,如图10-96所示。

图10-96

(16) 将时间线移至00:00:19:13位置处，在"视频检查器"窗口的"变换"选项区中，修改"位置"参数为"-304.2px"和"0px"、"缩放（全部）"参数为"287%"，单击"添加关键帧"按钮 ，添加一组关键帧，如图10-97所示。

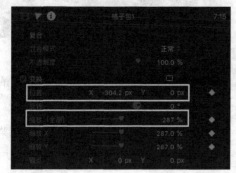

图10-97

(17) 将时间线移至00:00:20:21位置处，在"视频检查器"窗口的"变换"选项区中，修改"位置"参数为"-123.4px"和"0px"、"缩放（全部）"参数为"230%"，单击"添加关键帧"按钮 ，添加一组关键帧，如图10-98所示。

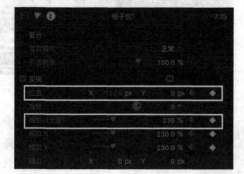

图10-98

(18) 将时间线移至00:00:23:03的位置处，在"视频检查器"窗口的"变换"选项区中，修改"位置"参数为"-49.2px"和"0px"、"缩放（全部）"参数为"194%"，单击"添加关键帧"按钮 ，添加一组关键帧，如图10-99所示。

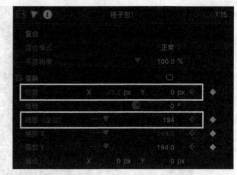

图10-99

(19) 将时间线移至00:00:25:04位置处，在"视频检查器"窗口的"变换"选项区中，修改"位置"参数为"-0.2px"和"0px"、"缩放（全部）"参数为"182%"，单击"添加关键帧"按钮 ，添加一组关键帧，如图10-100所示。

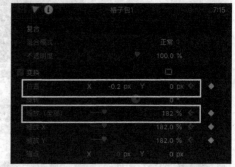

图10-100

(20) 在"事件浏览器"窗口中选择"格子包2.jpg"图像文件，按住鼠标左键并拖曳至"格子包1"图像片段的上方，并修改其时间长度为07:06秒。

(21) 在"事件浏览器"窗口中选择"格子包3.jpg"图像文件，按住鼠标左键并拖曳至"格子包2"图像片段的上方，并修改其时间长度为07:06秒，如图10-101所示。

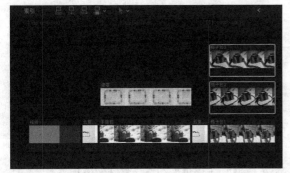

图10-101

㉒ 在"效果浏览器"面板的左侧列表中选择"风格化"滤镜,在右侧列表中选择"简单边框"滤镜,如图10-102所示。

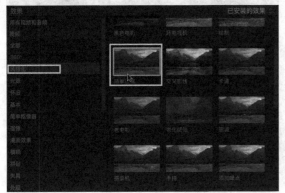

图10-102

㉓ 按住鼠标左键并拖曳,将选择的滤镜效果添加至"格子包2"和"格子包3"图像片段上,然后选择添加滤镜的片段,在"视频检查器"窗口的"简单边框"选项区中修改边框颜色为"白色",如图10-103所示。

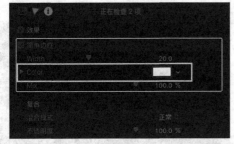

图10-103

㉔ 选择"格子包2"片段,将时间线移至00:00:19:17位置处,在"视频检查器"窗口的"变换"选项区中,修改"位置"参数为"553.6px"

和"-460.9px"、"旋转"参数为"0°"、"缩放(全部)"参数为"43.28%",单击"添加关键帧"按钮 ◈ ,添加一组关键帧,如图10-104所示。

图10-104

㉕ 将时间线移至00:00:21:07位置处,在"视频检查器"窗口的"变换"选项区中,修改"位置"参数为"391.3px"和"-263.1px"、"旋转"参数为"-22.1°"、"缩放(全部)"参数为"43.28%",单击"添加关键帧"按钮 ◈ ,添加一组关键帧,如图10-105所示。

图10-105

㉖ 将时间线移至00:00:23:13位置处,在"视频检查器"窗口的"变换"选项区中,修改"位置"参数为"399.8px"和"-140.4px"、"旋转"参数为"23.2°"、"缩放(全部)"参数为"31.39%",单击"添加关键帧"按钮 ◈ ,添加一组关键帧,如图10-106所示。

图10-106

㉗ 将时间线移至00:00:24:22位置处,在"视频检查器"窗口的"变换"选项区中,修改"位置"参数为"43.7px"和"-133.2px"、"旋转"参数为"18.0°"、"缩放(全部)"参数为"29.34%",

"旋转"为"18°",单击"添加关键帧"按钮
，添加一组关键帧，如图10-107所示。

图10-107

㉘　选择"格子包3"图像片段，将时间线移至
00:00:19:17位置处，在"视频检查器"窗口的"变
换"选项区中，修改"位置"参数为"580.9px"
和"338.8px"、"旋转"参数为"0°"、"缩放
（全部）"参数为"33.11%"，单击"添加关键
帧"按钮　，添加一组关键帧，如图10-108所示。

图10-108

㉙　将时间线移至00:00:21:08位置处，在"视频检查
器"窗口的"变换"选项区中，修改"位置"参数为
"497.8px"和"251.5px"、"旋转"参数为"0°"、
"缩放（全部）"参数为"51%"，单击"添加关键
帧"按钮　，添加一组关键帧，如图10-109所示。

图10-109

㉚　将时间线移至00:00:23:23位置处，在"视频检
查器"窗口的"变换"选项区中，修改"位置"参
数为"400.1px"和"90.1px"、"旋转"参数为
"-9.3°"、"缩放（全部）"参数为"42%"，
单击"添加关键帧"按钮　，添加一组关键帧，
如图10-110所示。

图10-110

㉛　选择"云雾边框"图像片段，在菜单栏中单
击"编辑"|"拷贝"命令，复制图像片段。

㉜　将时间线移至00:00:26:20位置处，在菜单栏中
单击"编辑"|"粘贴"命令，粘贴图像片段，如
图10-111所示。

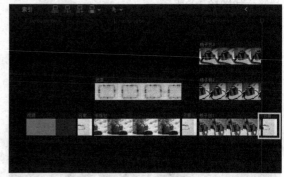

图10-111

㉝　在"事件浏览器"窗口中选择"单肩包1.jpg"
图像文件，按住鼠标左键并拖曳至"云雾边框"图
像片段的右侧，并修改其时间长度为07:06秒。

㉞　在"事件浏览器"窗口中选择"单肩
包2.jpg"图像文件，按住鼠标左键并拖曳至"单肩
包1"图像片段的上方，并修改其时间长度为07:06
秒，如图10-112所示。

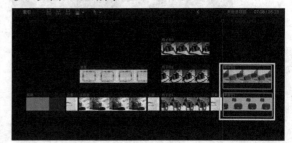

图10-112

㉟　在"效果浏览器"面板的左侧列表中选择"光
源"选项，在右侧列表中选择"聚光"滤镜，如图

10-113所示，按住鼠标左键并拖曳，将其添加至"单肩包1"和"单肩包2"图像片段上。

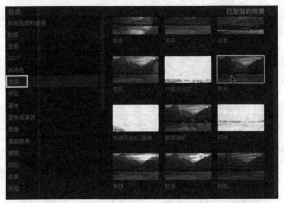

图10-113

(36) 选择"单肩包1"图像片段，将时间线移至00:00:28:19位置处，在"视频检查器"窗口的"效果"选项区中，设置"Center"的"X"为"0.5px"、"Y"为"0.5px"，在"变换"选项区中，修改"位置"参数为"−256.1px"和"0px"、"缩放（全部）"参数为"231%"，单击"添加关键帧"按钮 ，添加一组关键帧，如图10-114所示。

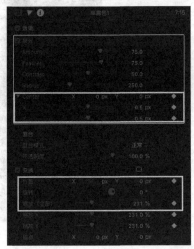

图10-114

(37) 将时间线移至00:00:30:11位置处，在"视频检查器"窗口的"效果"选项区中，设置"Center"的"X"为"0.54px"、"Y"为"0.47px"。在"变换"选项区中，修改"位置"参数为"−72.4px"和"0px"、"缩放（全部）"参数为"189%"，单击"添加关键帧"按钮 ，添加一

组关键帧，如图10-115所示。

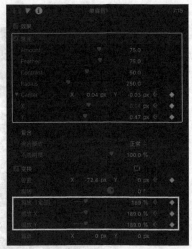

图10-115

(38) 选择"单肩包1"图像片段，将时间线移至00:00:33:12位置处，在"视频检查器"窗口的"效果"选项区中，设置"Center"的"X"为"0.51px"、"Y"为"0.32px"，在"变换"选项区中，修改"位置"参数为"−46.5px"和"199.7px"、"缩放（全部）"参数为"184%"，单击"添加关键帧"按钮 ，添加一组关键帧，如图10-116所示。

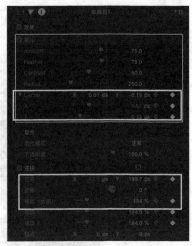

图10-116

(39) 将时间线移至00:00:34:23位置处，在"视频检查器"窗口的"效果"选项区中，设置"Center"的"X"为"0.39px"、"Y"为"0.76px"，在"变换"选项区中，修改"位置"参数为"−0.5px"和"−273.3px"、"缩放（全部）"参

数为"177%"，单击"添加关键帧"按钮 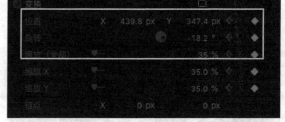，添加一组关键帧，如图10-117所示。

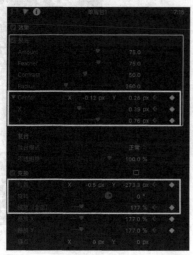

图10-117

(40) 选择"单肩包2"图像片段，将时间线移至00:00:29:03位置处，在"视频检查器"窗口的"效果"选项区中，设置"Center"的"X"为"0.19px"、"Y"为"0.52px"。在"变换"选项区中，修改"位置"参数为"-445.0px"和"405.1px"、"旋转"参数为"-2.0°"、"缩放（全部）"参数为"22.54%"，单击"添加关键帧"按钮 ，添加一组关键帧，如图10-118所示。

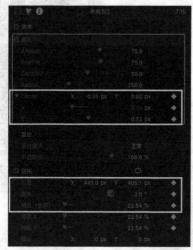

图10-118

(41) 将时间线移至00:00:30:17位置处，在"视频检查器"窗口的"变换"选项区中，修改"位置"参

数为"439.8px"和"347.4px"、"旋转"参数为"-18.2°"、"缩放（全部）"参数为"35%"，单击"添加关键帧"按钮 ，添加一组关键帧，如图10-119所示。

图10-119

(42) 将时间线移至00:00:29:03位置处，在"视频检查器"窗口的"效果"选项区中，设置"Center"的"X"为"0.63px"、"Y"为"0.55px"。在"变换"选项区中，修改"位置"参数为"350.0px"和"165.3px"、"旋转"参数为"-18.2°"、"缩放（全部）"参数"44%"，单击"添加关键帧"按钮 ，添加一组关键帧，如图10-120所示。

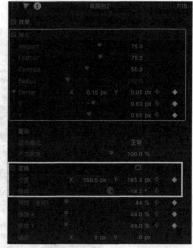

图10-120

(43) 为"单肩包2"图像片段添加"简单边框"滤镜，并设置边框的颜色为"白色"。

(44) 选择"云雾边框"片段，在菜单栏中单击"编辑"|"拷贝"命令，复制图像片段。

(45) 将时间线移至00:00:35:23位置处，在菜单栏中单击"编辑"|"粘贴"命令，粘贴图像片段，如图10-121所示。

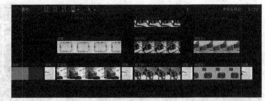

图10-121

⁴⁶ 在"字幕和发生器"窗口的左侧列表中选择"发生器"|"单色"选项，在右侧列表中选择"彩笔画"发生器片段，如图10-122所示。

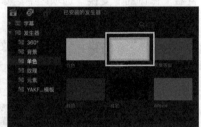

图10-122

⁴⁷ 按住鼠标左键并拖曳，将其添加至主要故事情节的最右侧，并修改其时间长度为05:13秒，如图10-123所示。

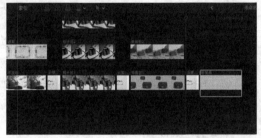

图10-123

⁴⁸ 选择"云雾边框"片段，在菜单栏中单击"编辑"|"拷贝"命令，复制图像片段。将时间线移至00:00:43:05位置处，在菜单栏中单击"编辑"|"粘贴"命令，粘贴图像片段，并修改其时间长度为4秒，如图10-124所示。

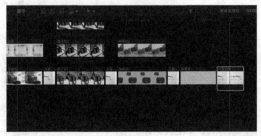

图10-124

⁴⁹ 将时间线移至00:00:37:20位置处，在"事件浏览器"窗口中选择"帆布包.jpg"图像文件，按住鼠标左键并拖曳至"云雾边框"图像片段的右侧，并修改其时间长度为01:11秒。

⁵⁰ 在"事件浏览器"窗口中选择"信封包1.jpg"图像文件，按住鼠标左键并拖曳至"帆布包"图像片段的右侧，并修改其时间长度为03:22秒。

⁵¹ 在"事件浏览器"窗口中选择"信封包2.jpg"图像文件，按住鼠标左键并拖曳至"信封包1"图像片段的上方，并修改其时间长度为03:22秒，如图10-125所示。

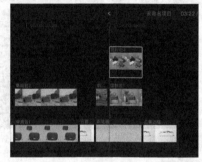

图10-125

⁵² 为"帆布包"图像片段添加"晕影遮罩"滤镜，如图10-126所示。

图10-126

⁵³ 为"信封包1"和"信封包2"图像片段添加"简单边框"滤镜，并设置边框的颜色为"白色"。

⁵⁴ 选择"帆布包"图像片段，将时间线移至00:00:38:02位置处，在"视频检查器"窗口的"变换"选项区中，修改"位置"参数为"−400.0px"和"400.0px"、"缩放（全部）"参数为"75%"，单击"添加关键帧"按钮 ▣，添加一组关键帧，如图10-127所示。

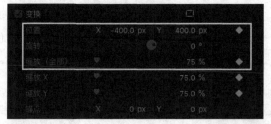

图10-127

图10-130

55 将时间线移至00:00:38:15位置处，在"视频检查器"窗口的"变换"选项区中，修改"位置"参数为"-151.0px"和"74.7px"、"缩放（全部）"参数为"85.0%"，单击"添加关键帧"按钮 ◈ ，添加一组关键帧，如图10-128所示。

图10-128

56 将时间线移至00:00:39:03位置处，在"视频检查器"窗口的"变换"选项区中，修改"位置"参数为"-38.8px"和"16.6px"、"缩放（全部）"参数为"97%"，单击"添加关键帧"按钮 ■ ，添加一组关键帧，如图10-129所示。

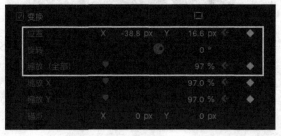

图10-129

57 选择"信封包1"图像片段，将时间线移至00:00:39:13位置处，在"视频检查器"窗口的"变换"选项区中，修改"位置"参数为"-638.9px"和"-495.6px"、"缩放（全部）"参数为"40%"，单击"添加关键帧"按钮 ■ ，添加一组关键帧，如图10-130所示。

58 将时间线移至00:00:40:07位置处，在"视频检查器"窗口的"变换"选项区中，修改"位置"参数为"-516.1px"和"371.9px"、"旋转"参数为"23.0°"、缩放（全部）"参数为"40%"，单击"添加关键帧"按钮 ◈ ，添加一组关键帧，如图10-131所示。

图10-131

59 将时间线移至00:00:41:14位置处，在"视频检查器"窗口的"变换"选项区中，修改"位置"参数为"-150px"和"-25px"、"旋转"参数为"-5°"、"缩放（全部）"参数为"69%"，单击"添加关键帧"按钮 ■ ，添加一组关键帧，如图10-132所示。

图10-132

60 将时间线移至00:00:42:12位置处，在"视频检查器"窗口的"变换"选项区中，修改"位置"为"250px"和"-15p"、"旋转"参数为"-9°"，单击"添加关键帧"按钮 ■ ，添加一组关键帧，如图10-133所示。

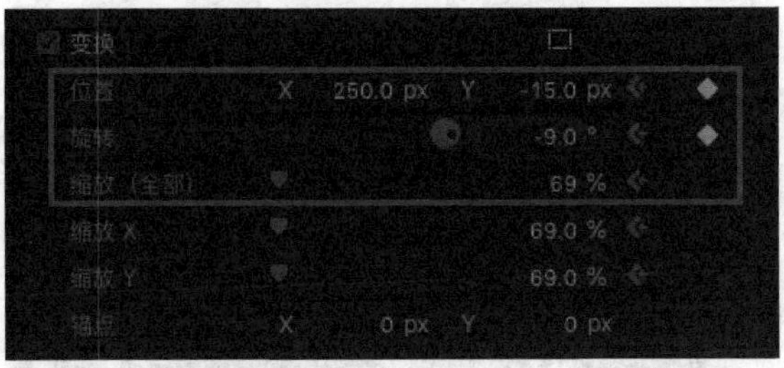

图10-133

(61) 选择“信封包2”图像片段，将时间线移至00:00:39:13位置处，在“视频检查器”窗口的“变换”选项区中，修改“位置”参数为“300px”和“300px”、“旋转”参数为-13.8°、“缩放（全部）”参数为47%，单击“添加关键帧”按钮，添加一组关键帧，如图10-134所示。

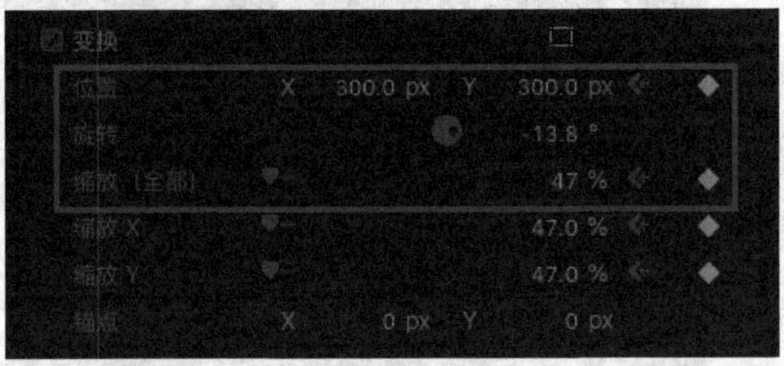

图10-134

(62) 将时间线移至00:00:42:12位置处，在“视频检查器”窗口的“变换”选项区中，修改“位置”参数为“250.0px”和“-15.0px”、“旋转”参数为“-9.0°”，单击“添加关键帧”按钮，添加一组关键帧，如图10-135所示。

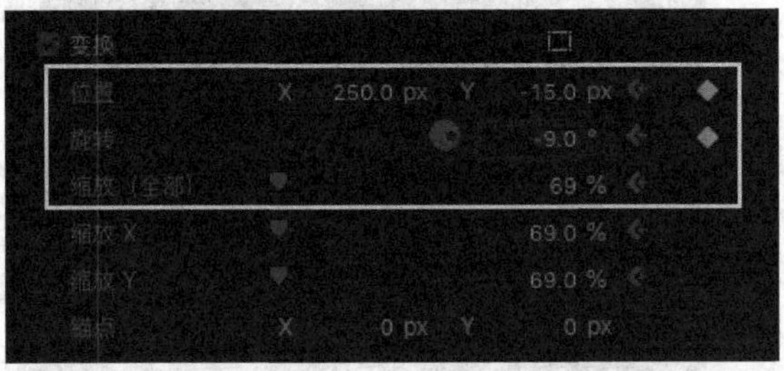

图10-135

(63) 选择“信封包2”图像片段，将时间线移至00:00:39:13位置处，在“视频检查器”窗口的“变换”选项区中，修改“位置”参数为“300.0px”和“300.0px”、“旋转”参数为“-13.8°”、“缩放（全部）”参数为“47%”，单击“添加关键帧”按钮，添加一组关键帧，如图10-136所示。

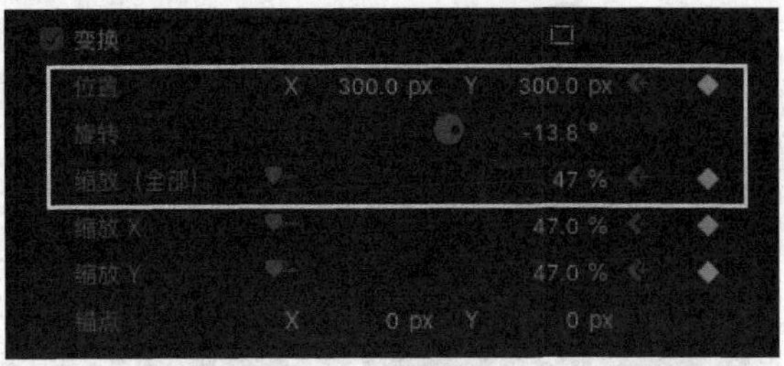

图10-136

(64) 将时间线移至00:00:40:20位置处，在“视频检查器”窗口的“变换”选项区中，修改“位置”参数为“200.0px”和“100.0px”、“旋转”参数为“20.0°”、“缩放（全部）”参数为“50%”，单击“添加关键帧”按钮，添加一组关键帧，如图10-137所示。

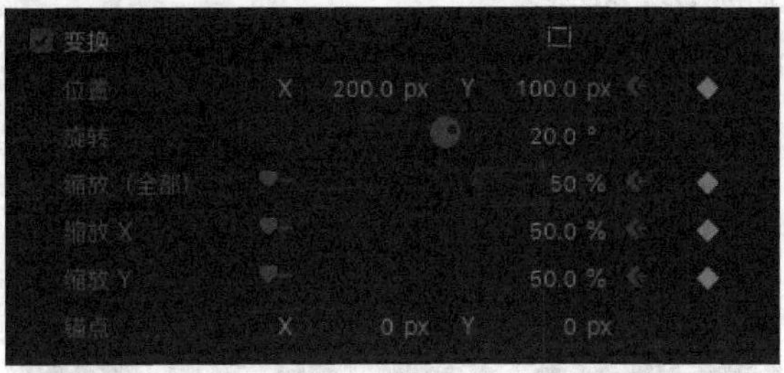

图10-137

(65) 将时间线移至00:00:41:24位置处，在“视频检查器”窗口的“变换”选项区中，修改“位置”参数为“100.0px”和“-50.0px”、“旋转”参数为“16.0°”、“缩放（全部）”参数为“37%”，单击“添加关键帧”按钮，添加一组关键帧，如图10-138所示。

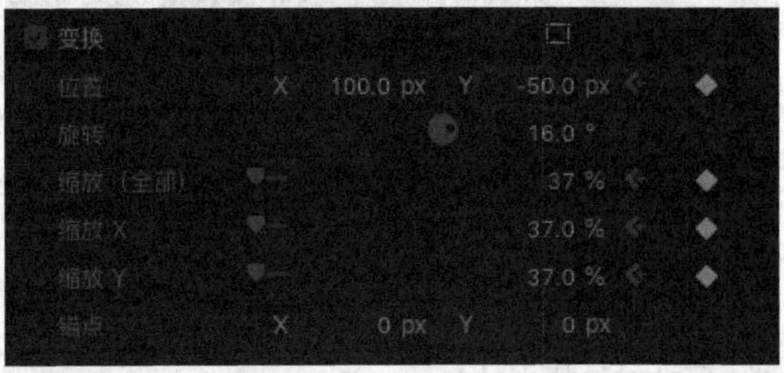

图10-138

(66) 将时间线移至00:00:42:14位置处，在“视频检查器”窗口的“变换”选项区中，修改“位置”参数为“-200.0px”和“-50.0px”、“旋转”参数为"7.4°"、"缩放（全部）"参数为"53%"，单击"添加关键帧"按钮 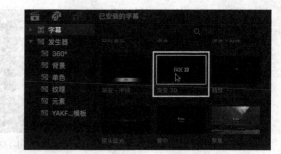，添加一组关键帧，如图10-139所示。

图10-139

3. 添加转场效果

01 在"转场"窗口的左侧列表中选择"全部"选项，在右侧列表中选择"交叉叠化"转场效果，如图 10-140所示。

图10-140

02 按住鼠标左键并拖曳，将其添加至图像片段的右侧，并调整转场效果的时间长度，如图10-141所示。

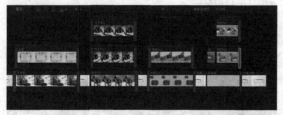

图10-141

4. 添加字幕效果

01 在"字幕和发生器"窗口的左侧列表中选择"字幕"选项，在右侧列表中选择"渐变 3D"字幕效果，如图10-142所示。

图10-142

02 将时间线移至00:00:01:04位置处，按住鼠标左键并拖曳，将选择的字幕添加至"视频"视频片段的上方，并修改其时间长度为04:09秒，如图10-143所示。

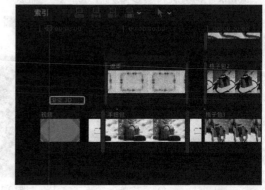

图10-143

03 选择字幕片段，在"文本检查器"窗口的"文本"选项区中输入文本"女包热销"，设置字体为"方正正中黑简体"、"大小"为"225.0"，如图10-144所示。

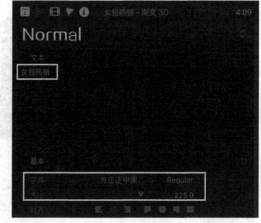

图10-144

04 在"3D文本"选项区中，设置"颜色"为"白色"，勾选"投影"复选框，如图10-145所示。

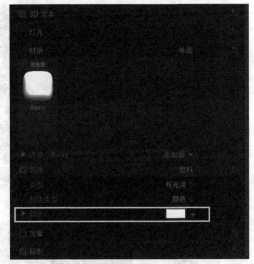

图10-145

⑤ 将时间线移至00:00:05:19位置处，在"字幕和发生器"窗口的左侧列表中选择"字幕"选项，在右侧列表中选择"基本字幕"，按住鼠标左键并拖曳，将选择的字幕添加至"女包热销"片段的右侧，并修改其时间长度为01:20秒。

⑥ 选择新添加的"基本字幕"，在"文本检查器"窗口的"文本"选项区中输入"手提包"，设置文本的字体为"汉仪菱心体简"、"大小"为"132.0"，如图10-146所示。

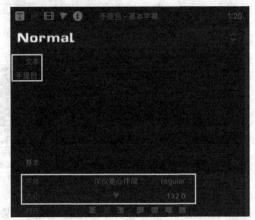

图10-146

⑦ 在"文本检查器"窗口中勾选"表面"和"投影"复选框，并修改"颜色"为"洋红色"、"距离"为"8.0"，如图10-147所示。

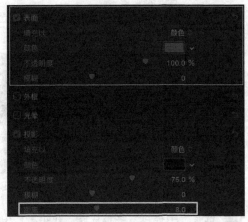

图10-147

⑧ 选择"手提包"字幕片段，将时间线移至00:00:05:19位置处，在"视频检查器"窗口的"变换"选项区中修改"缩放（全部）"为"100%"，单击"添加关键帧"按钮，添加一组关键帧，如图10-148所示。

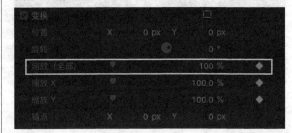

图10-148

⑨ 将时间线移至00:00:05:21位置处，在"视频检查器"窗口的"变换"选项区中，修改"缩放（全部）"为"130%"，单击"添加关键帧"按钮，添加一组关键帧，如图10-149所示。

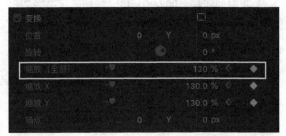

图10-149

⑩ 将时间线移至00:00:06:17位置处，在"视频检查器"窗口的"变换"选项区中，修改"缩放（全部）"为"140%"，单击"添加关键帧"按钮，

添加一组关键帧，如图10-150所示，完成关键帧动画的添加操作。

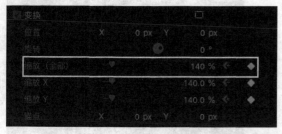

图10-150

⑪ 选择"手提包"字幕片段，在菜单栏中单击"编辑"|"拷贝"命令，复制字幕片段。

⑫ 将时间线依次移至相应的位置，然后在菜单栏中单击"编辑"|"粘贴"命令，在"云雾边框"图像片段上方粘贴字幕片段，如图10-151所示。

图10-151

⑬ 选择粘贴后的字幕片段，并依次在"文本检查器"窗口的"文本"选项区中输入新文本"格子包""单肩包""女包其他种类"即可，并依次调整粘贴后字幕片段的时间长度。

⑭ 将时间线移至00:00:19:14位置处，在"字幕和发生器"窗口的左侧列表中选择"字幕"选项，在右侧列表中选择"基本字幕"，按住鼠标左键并拖曳，将选择的字幕添加至"格子包3"片段的上方，并修改其时间长度为04:18秒，如图10-152所示。

⑮ 选择新添加的"基本字幕"，在"文本检查器"窗口的"文本"选项区中输入两文本"采用五金挂钩""肩带可以调节"，设置文本的字体为"汉仪粗圆简"、"大小"为"57.0"、"行间距"为

"11.0"，并勾选"投影"复选框，如图10-153所示。

图10-152

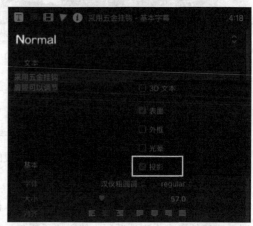

图10-153

⑯ 将时间线移至00:00:19:14位置处，在"视频检查器"窗口的"复合"选项区中修改"不透明度"为"0%"，单击"添加关键帧"按钮▣，添加一组关键帧，如图10-154所示。

图10-154

⑰ 将时间线移至00:00:20:02位置处，在"视频检查器"窗口的"复合"选项区中修改"不透明度"为"100%"，单击"添加关键帧"按钮▣，添加一组关键帧，如图10-155所示。

图10-155

⑱ 将时间线移至00:00:23:15位置处，在"视频检查器"窗口的"复合"选项区中修改"不透明度"为"100%"，单击"添加关键帧"按钮■，添加一组关键帧，如图10-156所示。

⑲ 将时间线移至00:00:24:04位置处，在"视频检查器"窗口的"复合"选项区中修改"不透明度"为"0%"，单击"添加关键帧"按钮■，添加一组关键帧，如图10-157所示。

图10-156

图10-157

⑳ 选择新添加的字幕片段和"女包热销"字幕片段，依次在菜单栏中单击"编辑"|"拷贝"命令，复制字幕片段。将时间线依次移至相应的位置，然后在菜单栏中单击"编辑"|"粘贴"命令，在相应片段上方粘贴字幕片段，并依次修改粘贴后的字幕片段的时间长度，如图10-158所示。

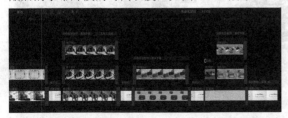

图10-158

㉑ 依次选择粘贴后的字幕，在"文本检查器"窗口依次修改文本内容和文本颜色，然后依次在"监视器"窗口中移动字幕的位置，如图10-159所示。

图10-159

5. 添加音频效果

① 在"事件浏览器"窗口中选择"音乐1.mp3"和"音乐2.mp3"音频文件，按住鼠标左键并拖曳，将其添加至图像片段的下方，如图10-160所示。

图10-160

02 选择"音频2"音频片段，将时间线移至整个片段的末尾处，将光标移至选择的音频片段的右侧，当指针呈状态 ➡ 时，按住鼠标左键并拖曳，调整音频片段的时间长度，如图10-161所示。

图10-161

03 将鼠标指针悬停在左侧音频片段的左侧滑块上，则鼠标指针会变成左右箭头的形状，按住鼠标左键并向右拖曳滑块，添加音频渐变效果，如图10-162所示。

图10-162

04 将鼠标指针悬停在右侧音频片段的右侧滑块上，则鼠标指针会变成左右箭头的形状 ➡ ，按住鼠标左键并向左拖移滑块，添加音频渐变效果，如图10-163所示。

图10-163

05 上述操作完成后，商品促销视频就制作完成了。在"监视器"窗口中单击"从播放头位置向前播放–空格键"按钮 ▶ ，预览最终动画效果，如图10-164所示。

图10-164

图 10-164（续）

10.2.2 课堂练习——平板电脑宣传

实例效果：效果>资源库>第10章>10.2.2

素材位置：素材>第10章>10.2.2>Arrow 2~Arrow 4.wav等

在线视频：第10章>10.2.2 课堂练习——平板电脑宣传

实用指数：☆☆☆

技术掌握：主要故事情节的制作、字幕的添加、音频的制作

本练习将制作一款平板电脑的宣传广告，用于产品宣传等。此类广告所选素材最好为产品精修效果图，能够直观地向观众传递产品信息，以达到宣传公司产品、提高产品销量的目的。

本案例最终效果如图 10-165所示。

图 10-165

10.2.3 课后习题——制作零食广告

实例效果：效果＞资源库＞第10章＞10.2.3

素材位置：素材＞第10章＞10.2.3＞坚果1~3.jpg、葡萄干1~2.jpg等

在线视频：第10章＞10.2.3 课后习题——制作零食广告

实用指数：☆☆☆☆☆

技术掌握：主要故事情节的制作、字幕的添加、音频的制作

零食广告用来展示零食促销信息，通过图像和字幕，可以让整个视频显得更为直观，信息更为丰富，能更好地将促销信息传递给大众。

本案例最终效果如图10-166所示。

图 10-166

10.3 本章小结

　　Final Cut Pro X作为一款专业的视频剪辑与制作软件，不仅可以对素材进行剪辑以及连接故事情节，还能为素材添加各类型的滤镜、转场和字幕，帮助用户打造出完整、流畅的精美视频效果。本章结合了前面所学的软件基础，详细讲解了电视节目包装与商业广告类视频的制作方法，希望帮助读者在边看边练习的过程中，快速掌握Final Cut Pro X软件使用技巧。只有勤加练习，将所学知识投入实际工作应用中去，才能在学习视频剪辑的路上不断前进。